I. GEOFFROY

Voyage en Espagne

DIJON

IMPRIMERIE DARANTIERE

65, RUE CHABOT-CHARNY

1901

VOYAGE

EN

ESPAGNE

I. GEOFFROY

Voyage en Espagne

DIJON

IMPRIMERIE DARANTIERE

65, RUE CHABOT-CHARNY

—

1901

VOYAGE EN ESPAGNE

———

HARMANTE année de 1900, les vacances que tu nous apportas se passèrent eu un long voyage au Pays des Castagnettes. Excursion délicieuse suivie d'une traversée au delà de Gibraltar, sur ces antiques côtes d'Afrique où les générations se sont succédé en dehors des progrès de la civilisation. Ces contrées conservent encore, dans tout son charme, la couleur locale tant appréciée des touristes.

Ce voyage fut agréable à tous points de vue : température excellente, végétation superbe, paysages délicieux, promenades historiques et artistiques, rien n'y manqua ; et cependant malgré la beauté de ces pays, nous rentrâmes en France avec plaisir, heureux et fiers d'être Français.

Le lundi 27 août nous prîmes à onze heures du soir le train qui devait nous amener vers six heures du matin à Riom, première halte. Nous vîmes en passant Nevers, vieille ville sur la Loire, dont le nom évoque les faïences anciennes et rares, très recherchées par les amateurs ; Moulins, capitale du Bourbonnais, où circulent encore ces voitures à deux roues de forme spéciale, dites Bourbonnaises ; puis nous arrivons en Auvergne, pittoresque contrée aux sites gracieux, aux montagnes ondulées, aux cratères éteints.

Riom est une ville de province, triste et déserte que, malgré sa situation merveilleuse au milieu de la féconde Limagne, on est heureux de quitter.

Après une journée agréable passée chez des amis et employée à visiter les environs, entre autres

Châtel-Guyon, nous reprîmes le train pour Cler-
mont-Ferrand.

Là, premier incident de voyage qui nous a longtemps égayés : un méridional perdit une forte
somme, en pariant, contre toute vraisemblance,
qu'il y avait une place libre dans le compartiment
d'un wagon à couloir, alors que tout le monde lui
assurait le contraire. Il n'y a vraiment que le midi
pour produire des hommes aussi suffisants et obsti-
nés. C'était à croire qu'il s'appelait Tartarin et qu'il
était de Tarascon ; nous avons su plus tard qu'il
n'était que de Montpellier.

A l'embranchement d'Arvant, nous quittons la
ligne de Nîmes pour prendre celle de Narbonne. Le
lendemain fut une journée fatigante, passée com-
plétement en chemin de fer.

En parcourant la riante Auvergne, nous apercevons d'abord au loin sur son rocher : Saint-Flour,
ville dominée par les deux clochers du Palais de
Justice ; puis successivement nous traversons les dé-
partements : du Cantal, montagneux ; de la Lozère,
pauvre et stérile ; de l'Aveyron, accidenté, où l'on
rencontre les pâturages et les troupeaux dont le lait
sert à la fabrication du fromage de Roquefort ;
celui de l'Hérault, terrain riche couvert de vigno-

bles rapportant en abondance un vin excellent. Je parle ici du vin naturel et non de celui qu'on expédie dans le commerce sous le nom de vin de l'Hérault et qui n'a de commun avec le vrai que le nom.

A Béziers, centre important, nous prenons le train pour Narbonne, ville riche et commerçante. Après avoir longé de féconds vignobles auxquels succèdent des marais salants, nous apercevons enfin la mer ; à six heures du soir nous étions à Perpignan.

Perpignan, cité ancienne et fortifiée, ayant appartenu aux Espagnols. Le vieux Palais des Rois d'Aragon, surnommé la Loge et transformé en mairie, a conservé son caractère artistique. Le Castillet, château du XIVe siècle, servant aujourd'hui de prison, possède encore une tourelle à porte crénelée fort intéressante.

Une promenade de platanes gigantesques dont les habitants sont très fiers, est la seule curiosité de la ville.

Le Palais de Justice date de nos jours ; sur la place qui le précède s'élève la statue d'Arago originaire d'un village voisin ; le célèbre Rigaud, peintre de la cour du grand Roi, est né dans cette ville.

Nous quittons Perpignan le lendemain, à deux heures de l'après-midi, pour arriver vers sept heures à Barcelone; ce trajet est superbe, d'un côté les cîmes élevées des Pyrénées, de l'autre l'horizon infini de la mer dont les vagues se balancent mollement sousun ciel d'azur. Nous passons à Port-Vendres, Banyuls, Cerbère, Port-Bou.

Là est la frontière, tout le monde descend et après avoir satisfait aux exigences de la douane, nous prenons le train d'Espagne ; les wagons ne sont pas aussi confortables que les nôtres et leur vitesse est moindre. On se sent en pays étranger ! L'uniforme des soldats, le costume des douaniers, les affiches, les noms des gares, tout indique que les Pyrénées sont franchies.

Après avoir traversé ces monts imposants, nous retrouvons des plaines fertiles, couronnées au loin de collines boisées ; c'est la Catalogne aux riches plantations d'oliviers, de peupliers et de figuiers. Les paysans que l'on aperçoit dans la campagne portent un costume pittoresque : bonnets et ceintures rouges, culottes de velours noir, châle sur les épaules ; cet ensemble est d'un aspect original.

Figuières (Figueras, 11.000 habitants).

Gérone (Gérona, 16.000 habitants) sont les deux villes principales qu'on rencontre.

Vers sept heures du soir, une quantité d'usines, de cheminées, au loin des toits et des édifices annoncent l'approche d'une grande ville : c'est Barcelone.

ARCELONE, une des trois grandes cités de l'Espagne, comprend 500.000 habitants. D'origine très ancienne, cette ville rappelle les métropoles européennes, ses édifices sont dignes d'une capitale, ses habitants unissent la vivacité française à la dignité castillane.

Le Palais de la députation renferme les antiques archives du royaume d'Aragon ; l'Hôtel de ville est remarquable par son élégance architecturale ; les nouveaux quartiers, par leurs belles percées, contrastent avec les anciennes rues étroites et tortueuses. Comme dans tous les ports, le mercantilisme y fait tort à l'esprit artistique.

Le soir même de notre arrivée, nous visitâmes la ville accompagnés du Président de la Chambre de

commerce et de sa femme, citadins tout à fait aimables et presque Français. Nous nous assîmes à la
terrasse d'un café où de pauvres diables vinrent
chanter, à tour de rôle, leurs sérénades en s'accom-
pagnant de la mandoline. Quel contraste entre ces
malheureux êtres et les brillants caballeros dont
l'imagination se plaît à orner ce féerique décor !

Nos cicérones désirèrent nous faire goûter une
boisson très appréciée en Espagne, qu'on aspire
avec un chalumeau, pour en mieux déguster et frai-
cheur et saveur. Mais Dieu, est-ce mauvais ! une
espèce de fève pilée (cacaouette), sentant l'amande
amère et laissant dans le palais un arrière-goût
détestable et altérant.

La cathédrale xiv° siècle, située sur le point cul-
minant de la ville, est d'une construction hardie et
majestueuse. Sa crypte renferme un mausolée d'albâtre contenant les cendres de sainte Eulalie, pa-
tronne de Barcelone. Le chœur magnifique, tout en
bois sculpté, était le siège des assemblées des che-
valiers de la Toison d'Or; chacun d'eux y possédait
sa stalle décorée d'un écusson à ses armes.

Comme dans toutes les églises espagnoles, le
chœur est situé au milieu de la nef et aboutit à la
capilla-mayor (chapelle qui en France serait le chœur)

par un passage formé de deux barrières séparant le clergé des fidèles.

Dans une chapelle retirée se voit un Christ miraculeux qui ornait, dit-on, la poupe de la galère de don Juan d'Autriche à la bataille de Lépante. D'après la légende, cette image aurait baissé la tête pour éviter un boulet turc.

La cathédrale paraît grandiose, mais cette impression se trouve gâtée par la profusion des dorures qui brillent partout, et par la vue de statues peintes, ornées de longs cheveux, recouvertes de vêtements étincelants et brodés. Pour ces méridionaux à l'imagination ardente et à l'esprit superstitieux, le surnaturel ne suffit pas; il faut donner un corps à la religion, il faut rendre vivant le saint auquel on s'adresse! Cette pompe théâtrale choque nos sentiments religieux et esthétiques.

A Barcelone, les funérailles se font avec la plus grande simplicité, à peine vingt-quatre heures après le décès; tandis que le prêtre dit quelques prières à voix basse, le corps attend sur les marches de l'église, pour être ensuite porté au champ du repos. C'est quinze jours plus tard que la cérémonie a lieu en grande pompe avec messe et chants qui durent plusieurs heures; cette fois les amis sont conviés et viennent rendre hommage à la mémoire du défunt. Cette coutume subsiste, paraît-il, depuis une violente peste qui désola la ville et les environs.

On trouve l'article de Paris dans les magasins les plus élégants ; comme production locale, il n'y a qu'un certain or appelé or de Tolède : incrustation mate sur acier, servant à la fabrication de nombreux bijoux. Une charmante Barcelonaise qui nous accompagnait nous montra son éventail qu'elle trouvait très joli et qui lui avait été offert par son père ; j'avais vu exactement le même avenue de l'Opéra !

Nous avons visité le Liceo, principal théâtre de la ville où se jouent indistinctement l'opéra et la comédie. Il y a quelques années, une bombe y fut lancée par des anarchistes pendant la représentation de *Guillaume-Tell*, les morts et les blessés furent nombreux. Destinée cruelle que celle de ces malheureuses victimes ayant ainsi trouvé la mort parmi les fleurs !

Barcelone, cité ouvrière, est un centre anarchiste, surveillé spécialement par la police ; de nombreuses arrestations furent opérées à la suite de cet attentat, les meneurs furent enfermés dans la forteresse de Montjuich et martyrisés, dit-on, dans cet endroit délicieux, créé plutôt pour le plaisir que pour la douleur.

A mi-côte de ce fort se trouve le restaurant de Miramar, renommé par sa spécialité du plat local fortement pimenté, espèce de bouillabaisse composée d'un assemblage de poisson, riz et volaille, désigné sous le nom de : riz à la Miramar. Ce coulis si réputé nous laissa, comme bien on pense, peu enthousiastes.

Le lendemain dimanche, il y avait grande corrida ; les arènes presque neuves, situées à cinq kilomètres de la ville, peuvent contenir 20.000 personnes. Dès le matin, les rues et les places sont sillonnées, en tous sens, de voitures, chars-à-bancs, tapissières, équipages, transportant une foule exubérante, courant, heureuse, se repaître de son plaisir favori. L'amour de ce spectacle est inné chez les Espagnols ; il faut sans doute être indigène pour en savourer toutes les horreurs, en les baptisant du nom glorieux de vaillance. Je ne puis à titre d'étrangère que décrire le dégoût provoqué par cette terrible fête dont le souvenir seul m'est pénible.

Il y a des places de deux sortes : ombre et soleil (sombra et sol) dont les prix varient suivant la valeur des toréadors. Pour cinq francs, nous fûmes placés à l'ombre, près de la loge présidentielle ; en face de nous se trouvait la musique, juste au-dessus de la porte du toril.

Le taureau est enfermé depuis deux jours dans un cabanon en pleine obscurité. Le défilé se fait à heure fixe, l'Espagnol n'admettant pas le moindre retard.

Paraissent alors tour à tour : alguazils, matadors, toréadors, picadors suivis de valets conduisant les mules enguirlandées aux couleurs nationales ; celles-ci devront, après chaque course, revenir chercher les victimes. Cette brillante escorte, au son d'une marche joyeuse, salue le président.

Pendant qu'une partie des combattants s'éloignent les autres se rendent chacun à leur poste ; sur un signe, la porte du toril s'ouvre et le farouche animal paraît dans toute sa majesté.

Ébloui par la lumière, il est de plus excité par le harpon qui, planté dans sa chair, est orné de rubans multicolores, banderoles soyeuses, flottant au gré du vent et lui infligeant, avec ironie, la livrée du plaisir.

Le taureau se précipite affolé sur le premier cavalier qu'il aperçoit ; si ce dernier n'a pas su l'arrêter avec sa lance, le choc est terrible et malheur à l'homme et à sa monture ! Tous deux rouleront dans la poussière. Les toréadors détournent alors avec leur cape l'animal rendu plus furieux encore par la vue et l'odeur du sang, tandis qu'on dégage le malheureux picador qui, bardé de fer, serait incapable de se relever seul. Si le cheval n'a pas été tué sur le coup, il se redresse et s'enfuit en s'arrachant lui-même les entrailles qui traînent à terre.

Cette scène hideuse se renouvelle quatre, cinq et six fois, au milieu d'un vacarme épouvantable, produit par les 20.000 spectateurs en délire qui applaudissent ou sifflent les péripéties du combat, selon leur appréciation.

Sur un nouveau signal, les cavaliers encore debout se retirent, alors les banderilleros entrent en scène; harcelant et fatiguant l'animal, ils lui enfoncent leurs banderilles sur le dos. Enfin quand la malheureuse bête paraît suffisamment épuisée, le matador s'avance jusqu'à la loge présidentielle et d'un geste triomphant lève l'épée pour demander s'il peut ou non exécuter l'ennemi vaincu. Parfois il lance sa toque dans une des loges où il reconnaît des amis; aux acclamations de ceux-ci, il se dirige vers le taureau dont, tout en se jouant, il prolonge l'agonie.

Le plus souvent, à cette minute suprême, l'animal

reprend courage et s'élance tête baissée sur son adversaire ; c'est à ce moment attendu que le matador doit lui plonger son épée entre les deux épaules. Si le coup est bien porté le taureau tombe foudroyé, et alors de toutes parts éclatent des hourras, des bravos, des applaudissements frénétiques. Il est même des spectateurs qui, dans leur délire, vont jusqu'à sauter dans l'arène, pour savourer la satisfaction de toucher le corps inerte du vaincu.

Si au contraire, le coup ayant été donné maladroitement, la victime est trop lente à mourir, un valet vêtu de rouge vient l'achever d'un coup de couteau, au milieu des sifflets aigus de toute la foule. Aussitôt un élégant attelage de mules arrive et emporte dans un galop rapide d'abord les chevaux tués, ensuite le taureau. Cette scène se renouvelle ainsi pendant les six courses qui durent en moyenne vingt minutes chacune.

Quel allégement j'éprouvai à la fin de cet horrible combat. Seulement alors je respirai... j'étais péniblement affectée à la vue des tortures de ces nobles animaux se débattant dans les affres de la mort. Je ne pouvais maîtriser mon indignation devant la joie que cette agonie procurait à des hommes plus cruels à mon avis que les tigres du désert.

Je me demandais comment un peuple civilisé pouvait éprouver autant de plaisir à la vue des souffrances inutiles de créatures destinées à le servir.

Les Espagnols, en vrais fanatiques de ces spectacles, sont désolés de voir leur reine n'y assister que rarement et sans enthousiasme ; ils lui préfèrent sa belle-sœur, l'Infante Eulalie qui, à Madrid, coiffée de la mantille, honore les courses de sa présence et applaudit à outrance.

Barcelone est la capitale de la Catalogne, province riche et fertile ; les habitants actifs, laborieux, économes, ne profitent pas de cet argent, si péniblement gagné. Le gouvernement de Madrid les grève d'une masse d'impôts, et leurs économies vont grossir le trésor royal dans une répartition peu équitable qui indispose les Catalans contre les Castillans. Les premiers réclament à grands cris leur autonomie ou tout au moins un régime ne les exploitant pas et les laissant consommer eux-mêmes et sur place leurs revenus ; aussi sont-ils décidés à tout, pour faire cesser l'état de choses actuel qui les appauvrit.

Les femmes sont très coquettes et presque toutes, même celles qui sont obligées de travailler, se font coiffer tous les jours ; elles sortent tête nue ou parfois avec une simple mantille.

Non loin de la cathédrale, se trouve la Rambla dont Napoléon fit détourner le cours et combler le lit ; cette rivière est transformée aujourd'hui en une délicieuse avenue ombragée d'arbres séculaires servant de rendez-vous à la société élégante de la ville.

A l'extrémité de cette principale voie que décorent de somptueux magasins aboutit une place immense, au milieu de laquelle, sur une haute colonne, s'élève la statue de Christophe Colomb qui domine ainsi et la ville et la mer.

Après avoir séjourné cinq jours dans ce port animé, nous partîmes pour Valence, trajet long et pénible qui dura plus d'une journée. Les pays parcourus sont fertiles et accidentés, nous y rencontrâmes plusieurs villes importantes.

ARRAGONE (Tarragona), 23.000 habitants, s'élève dans un site charmant et pittoresque.

Tortose (Tortosa), 23.000 habitants, à l'embouchure de l'Ebre, est entourée de murs fermés de vieilles portes.

> Sur les bords chéris de l'Ebro,
> Au son des castagnettes,
> Venez, venez, jeunes fillettes,
> Danser le boléro.

Malgré l'eau jaunâtre du fleuve, je pensais à ce couplet populaire qui prouve une fois de plus combien la réalité est loin de la poésie !

Nos compagnons de route depuis Barcelone étaient fort aimables ; comme ils avaient atteint le but de leur voyage, avant de nous quitter, ils nous adressèrent quelques paroles que nous parvinmes, non sans difficulté, à comprendre. Entre autres choses, il nous recommandaient de ne pas pencher la tête à la portière, en franchissant le pont de fer de l'Ebre, pont tellement étroit, qu'il y avait en effet danger à se montrer trop curieux.

Nous suivons pendant quelque temps le littoral ; la route, d'un côté voisine de la mer, est de l'autre dominée par la montagne. Le pays agreste est enrichi d'une quantité innombrable d'oliviers qui, d'espace en espace, sont séparés par des landes offrant des tons opposés comme effet de paysage. Nous traversons des rochers et des ravins profonds qui font songer aux histoires des brigands légendaires. Il y a peu de temps que les trains ne sont plus attaqués ; actuellement ils sont encore gardés par des gendarmes qui les accompagnent.

Plus on approche de Valence, plus le pays semble fertile. Ce ne sont qu'orangers, palmiers, grenadiers, caroubiers, etc... Végétation merveilleuse provenant du terrain, du soleil et des innombrables petits canaux qui irriguent en tous sens cette terre féconde.

Sur notre chemin nous trouvons : Nules, ville

caractéristique par ses vieilles murailles restées intactes.

Ségonte, l'antique Sagonte, prise par Annibal, cité dont il reste encore aujourd'hui : la forteresse (Castillet), les murailles crénelées, et le théâtre situé à mi-côte, un des mieux conservés de l'époque romaine.

En quittant cette ville le train pour Valence longe la plaine du littoral : la fertile Huerta. Des forêts entières d'orangers embaument le pays ; la cueillette de ces fruits d'or n'a lieu qu'en novembre. Une quantité de chaumières surmontées d'une croix et entourées de clos et de jardins, font pressentir l'approche d'une grande ville ; on aperçoit bientôt les usines des faubourgs de Valence.

Sur la rive droite du Guadalaviar, à quatre kilomètres de la mer, s'étend cette ville forte qui se défendit si courageusement contre ses nombreux adversaires.

Le lit du fleuve, presque toujours à sec, est envahi par les chèvres et les moutons ; les touristes admirent les vieux ponts qui le traversent et dont les arches antiques sont surmontées de madones et de saints. La rive gauche du Guadalaviar borde la promenade réputée de l'Alameda.

Plus loin le Grao, port pittoresque, aboutit à la plage toute de sable, beaucoup plus étendue et plus belle que celle de Barcelone ; cependant la mer y semble moins bleue ; on croirait voir plutôt l'Océan que la Méditerranée.

La cathédrale de style gothique s'élève sur l'emplacement d'un temple, auquel succédèrent une église, puis une mosquée ; commencée au XIIIe siècle, elle fut achevée seulement au XVe. La tour de la Miguelette (ancien Minaret) est fort intéressante ; sa partie supérieure, terminée en plate-forme, est surmontée d'un campanile contenant la Miguelette, cloche baptisée le jour de la San Miguel, qui sonne les heures d'irrigation de la Huerta.

C'est du haut de cette tour, qu'après la prise de la ville, le Cid fit admirer à sa femme et à sa fille : le Paradis de Valence.

Le Tribunal des Aguas (eaux) tient ses séances tous les jeudis sur la Plaza de la Sea devant la porte des Apôtres à la Cathédrale. Les membres du Tribunal sont de simples laboureurs ; leur juridiction s'étend sur tous les districts irrigués ; la procédure est orale et gratuite ; la délibération est publique ; le jugement sans appel est immédiatement exécutoire. Les champs du condamné sont privés d'eau jusqu'à ce qu'il ait satisfait aux exigences du Tribunal, ce dont les *celadores* ou inspecteurs doivent s'assurer. Le Tribunal des Eaux date du temps des Maures et s'est maintenu dans sa simplicité sous tous les régimes. Le jeudi était chez les Maures le jour du marché (Soúkh), de là provient le choix de ce jour.

L'Audiencia, bel édifice de la Renaissance, autrefois Chambre des Députés du royaume de Valence, s'élève au milieu de la ville. Le salon des Cortes (ancienne salle des séances), parfaitement conservé, est très original ; le plafond Mauresque (Artesonado) se compose de caissons sculptés et dorés. Cette salle est entourée d'une galerie circulaire à colonnes et à consoles en bois fouillé, au-dessous de laquelle s'épanouissent de superbes fresques peintes par Cristobal Zarinena. L'ensemble du palais offre un caractère des plus intéressants.

Le Musée ne possède guère, comme toile de valeur, qu'un portrait dû au pinceau de Goya, représentant son beau-frère, œuvre saisissante de vie et de réalité.

La ville de Valence, très curieuse d'aspect, a conservé presque intact le caractère du moyen âge : murailles épaisses, rues étroites, maisons élevées, fenêtres en saillie. Les magasins sont bien approvisionnés ; l'industrie principale est la fabrication des éventails.

Après plusieurs jours passés dans ce pays béni où la pluie est inconnue et où la chaleur est tempérée par l'air de la mer, nous nous dirigeons vers Cordoue ; trajet long et fatigant.

En quittant Valence, nous passons près de l'Albufera (mot arabe de Albouhera petite mer) dernier reste d'eau salée qui couvrait jadis le littoral et dont l'onde est devenue douce. Cette lagune, longue d'environ vingt kilomètres sur quatre à cinq cents mètres de largeur, communique avec la mer par un canal qui peut se fermer ; le poisson, surtout l'anguille, y foisonne ; les oiseaux aquatiques abondent sur ses rives. En 1812, Napoléon donna ce terrain au Maréchal Suchet, avec le titre de duc d'Albufera ; il est actuellement affermé à une société qui y a installé plusieurs grandes pompes à vapeur ; les habitants des villages voisins se livrent pour la plupart à la culture du riz.

Au commencement de septembre a lieu la récolte de cette graminée ; partout on voit des paysans, dans l'eau jusqu'aux genoux, arracher la précieuse graine qu'on laisse sécher d'abord, pour la battre au fléau quelques jours plus tard, en plein champ ; malheureusement les fièvres engendrées par les rizières déciment la population de ces pays.

Non loin de là s'élève, au milieu d'une forêt d'orangers et de palmiers, la ville de Carcagente, baignée par le Jucar, rivière qui, dans la saison des pluies, déborde tellement qu'il faut recourir à des barques, pour traverser la ville et gagner la station.

Dans notre compartiment était montée une dame de Madrid, avec une telle quantité de bagages qu'une fois posés en pyramide, il n'y avait plus place pour personne. Elle portait à la main un joli panier dont elle ne voulait se séparer à aucun prix et qu'elle regardait avec tant d'amour, que nous avions tous une envie folle de voir l'objet précieux qu'il pouvait bien renfermer. Nous fûmes servis à souhait ; la chaleur était suffocante, elle souleva vivement le couvercle du colis mystérieux en disant : « Pauvre bijou, il va étouffer ! » Alors un tout petit chien blanc apparut, nous regardant avec des yeux effarés.

La dame prit une tasse dorée, la remplit d'eau et la tendit au pauvre carlin qui se désaltéra avec bonheur. Mais tout à coup la tête d'un contrôleur parut à la portière ; cet employé avait eu déjà maille à partir avec la Madrilène au sujet de ses bagages. Aussitôt elle recouvrit de sa robe l'animal affolé qui eut cependant l'intelligence de ne pas aboyer.

Ce modeste compagnon de voyage nous intéressa beaucoup ; heureux de jouer le rôle de Cerbère, nous prenions plaisir à monter la garde pour l'empêcher d'être vu ! Cet incident nous divertit jusqu'à Chinchilla où nous bifurquâmes sur Albacète, ville renommée pour la fabrication des couteaux (navajas) et des poignards (punales). Ces armes au manche en ébène incrusté de cuivre, et qui portent sur leur lame des devises gravées à l'eau forte, n'ont rien de soigné, ni d'élégant ; le travail en est assez grossier et sans valeur.

La végétation devient de plus en plus maigre ; nous traversons des landes incultes auxquelles succèdent des montagnes de carbonate de chaux (blanc d'Espagne). Plus loin nous remarquons quelques champs de blé, quelques forêts de chênes à glands doux, arbres qui donnent un excellent charbon ; puis de nombreux moulins à vent, tout à fait dans leur cadre, puisque nous arrivons à Alcazar, fameux pays de Don Quichotte !

Alcazar est une des six villes qui se disputent l'honneur d'avoir vu naître Cervantès ; de tous côtés s'étendent les vastes plaines rendues célèbres par son roman. Le coup d'œil est surtout curieux à l'aube quand : « l'Aurore, comme dit le poète, se montre aux portes et aux balcons de l'horizon de la Manche ».

Nous passons à Toboso, patrie de Dulcinée, puis à Argamasilla, patrie de Don Quichotte, ou plutôt de Don Cuissard, puisque c'était ainsi que s'appelait l'ingénieux hidalgo. Nous traversons le Campo de Montiel, endroit que parcourut Don Quichotte en quête d'aventures ; c'est de là qu'il partit pour redresser les torts et faire rendre la justice.

Cervantès écrivit quelques chapitres de son roman dans la Casa de Medrano. La Venta de Quesada au bord de la route, à quelques kilomètres de la voie, serait l'hôtellerie où se fit la veillée des Armes, plus loin, la Venta de Cardenas, dont le nom aurait suggéré au romancier celui de Cardenio, est située au milieu des collines où l'on place la scène de la pénitence de Don Quichotte dans les montagnes. Du reste la description générale que le célèbre écrivain fait du pays et des habitants est encore conforme à la réalité. Au loin on aperçoit toujours, près de Templique, les petits moulins à vent que le chevalier de la Triste-Figure prit pour des géants.

Là, le paysage change, aux plantations d'arbres verts et de riz succèdent des massifs d'oliviers, des champs de blé coupé, dont l'étendue monotone et grise contraste singulièrement avec les contrées verdoyantes rencontrées jusqu'alors.

Nous passons à Andujar, ville renommée pour ses jarres (Alcarrazas de l'arabe Al-Karraz ou djarra), rafraichissoirs employés dans toute l'Espagne qui conservent l'eau très fraiche, avantage fort appréciable dans un pays aussi chaud. Puis le train suit le cours sinueux du Guadalquivir, il traverse des tunnels, longe des olivettes, franchit le fleuve un peu plus loin, enfin à midi nous arrivons à Cordoue, après vingt-six heures de chemin de fer.

ORDOUE s'élève au pied de la Sierra de Cordoba sur les rives du Guadalquivir. La muraille d'enceinte tombe en délabrement, les rues étroites et raboteuses sont bordées de maisons basses et blanchies à la chaux ; les places sont petites, les palais inhabités. De sa splendeur passée, il ne reste plus à cette cité qu'un souvenir vivant : sa Mosquée, la plus vaste de toutes les mosquées du monde, après la Casba de la Mecque ; édifice religieux, le plus grandiose d'Espagne, imposant par ses dimensions et son architecture arabe qui s'épanouit là dans toute sa magnificence.

Quand on pénètre dans ce monument, on est surtout frappé par la quantité innombrable de colonnes élégantes qui se suivent, se rejoignent ; soutenant tantôt un arc en fer à cheval, tantôt un trèfle délicat, tantôt une ogive aux découpures fines. Rien de plus charmant que ces étoiles, ces entrelacs avec toutes les variantes que peuvent offrir les plus habiles combinaisons géométriques.

Mais la merveille surtout de l'art oriental est le (Mihrab Nuevo) petite chapelle heptagone, précédée d'un vestibule et flanquée de deux espaces latéraux ; sur ses murs se détache un revêtement de mosaïques couvertes d'inscriptions arabes, œuvre d'ouvriers byzantins. Tout autour du sanctuaire, les dalles du sol sont polies ainsi que les plaques en marbre des murs par suite du frottement continuel des pèlerins admis dans ce lieu sacré, et qui devaient en faire sept fois le tour à genoux.

La cathédrale, édifiée par Charles-Quint au milieu de ces merveilles, y semble mal placée, et bien que le chœur et l'autel sculptés soient superbes comme détails, l'art chrétien détonne dans ce cadre grandiose et s'en trouve amoindri.

L'art arabe sous les Ommiades de Damas avait fait des emprunts au style byzantin ; en élevant à Cordoue un nouveau kalifat ommiade, Abdérame conserva l'architecture de ses ancêtres, et c'est ainsi que se trouva importé l'art oriental, dans le pays le plus occidental de l'Europe.

Un autre spécimen de cette architecture, dont malheureusement il ne reste plus que quelques vestiges, est intéressant aussi à visiter, je veux parler de l'Alcazar.

Par le vaste ensemble de ces constructions gigantesques, de ces murs énormes, de ces tours enfouies sous la verdure, dernières épaves d'un peuple disparu, on peut comprendre la somptuosité de ces princes voluptueux qui avaient transporté de Damas à Cordoue tout le raffinement et le luxe des Orientaux. Parmi ces vestiges d'une époque brillante, sous ce radieux soleil, au bruissement du fleuve qui baigne ces jardins embaumés, un charme étrange vous étreint. La pensée évoque les événements qui se sont déroulés là, et cette évocation laisse rêveur.

Les rives du Guadalquivir sont très pittoresques ; du milieu du fleuve émergent les arches d'un pont ancien qui conduisait à des moulins romains fonctionnant encore aujourd'hui. Une porte latine fort bien conservée donne de ce côté accès à la ville.

Il nous faut quitter enfin Cordoue et ses souvenirs ; quel trajet long et pénible, dix heures pour faire cent vingt kilomètres! La ligne comprend une seule voie, aussi dans nombre de stations, le train est-il obligé de segarer de celui qui vient en sens inverse ; au lieu d'arriver à Grenade à huit heures du soir, nous n'y fûmes rendus qu'à dix. A la sortie de Cordoue, la ligne traverse le Guadalquivir, puis la région vallonnée et inculte de la Campina arrosée par les eaux jaunâtres du Guadajoz.

A Montilla ville natale du grand capitan, Gonzalve de Cordoue, s'élève le palais du duc de Médinacœli.

Après Puente-Genil, la Roda, embranchement sur la ligne de Cadix. Un peu plus loin se trouve Bobadilla, point de jonction pour Malaga, Grenade, Ronda, Algesiras et Utrera.

De là, nous revenons sur nos pas par une autre ligne et traversons un paysage grandiose.

Antiquera, 24,000 habitants, agriculteurs pour la plupart, charme notre vue par son terrain fertile et sa végétation splendide. Le train passe le Guadalhorce et contourne ensuite la Péña de los Enamorados (Roche des Amoureux) ; rocher calcaire visible de très loin, d'où se précipitèrent, dit-on, deux amants poursuivis : la fille d'un maure et un chevalier chrétien.

Trajet très pittoresque.

Archidona, sur une hauteur, n'offre rien de remarquable ; le train gravit ensuite un plateau formant la ligne de partage des eaux du Guadalhorce et du Genil. On descend dans la gorge du Rio-Frio, traversée par un pont à une hauteur de soixante-deux mètres, au bout duquel se dressent des montagnes calcaires d'un caractère tout à fait sauvage. Alors apparaît une région cultivée : la vallée du Genil. Puis, après de nombreux tunnels, se découvre enfin la crête neigeuse de la Sierra-Nevada.

San Francisco offre un beau coup d'œil ; d'un côté la montagne inculte, de l'autre une vallée riche et fertile.

Loja est une ville qui passait avec Alhama pour la clef de Grenade ; de cet endroit on jouit d'une vue étendue sur le haut Albaycin et sur l'antique cité dominée par la Sierra-Nevada.

Granada, capitale de l'ancien royaume Mauresque, merveilleusement située au pied de deux contre-forts de montagnes, est baignée par le Darro (Salon des Romains, Hadarro des Maures) ; rio roulant des paillettes d'or et si souvent saigné par des canaux, qu'il se trouve presque toujours à sec.

La ville de Grenade, qui comptait un demi-million

d'habitants, lorsqu'elle fut prise par les rois catholiques, tomba en décadence sous la domination espagnole ; les décréts la dépeuplèrent et le Saint-Office y sévit cruellement.

Dans les grandes rues les habitants font pour ainsi dire étalage de propreté à l'intention des touristes, tandis que les rues latérales restent pleines de détritus et d'immondices ; certaines ruelles écartées ne sont pas même éclairées de nuit. L'aristocratie préfère vivre à Madrid ; une grande partie de la population est réduite à la mendicité.

Toutefois Grenade reste encore le point le plus brillant d'un voyage en Espagne ; grâce aux souvenirs d'un passé glorieux, aux restes d'une civilisation raffinée et aux vestiges d'un art aussi riche qu'étrange. La température y est toujours délicieuse, l'air frais qui arrive de la Sierra-Nevada tempère la chaleur.

Aussitôt après le diner et malgré l'heure avancée, nous fimes un tour sur l'Alameda ; quel splendide coup d'œil, quelle promenade enchanteresse !... Il nous semblait assister à une véritable féerie. Les arbres hauts et touffus, les maisons mauresques aux tons clairs avec toits en terrasse, les nombreux clochetons, nous reportaient aux temps lointains où

Grenade passait pour la merveille de l'Espagne. La pureté de la nuit, les doux rayons de la lune, en ajoutant encore par une demi-transparence au charme de ces antiques palais, achevèrent de nous transporter dans un monde enchanté !

Dimanche matin.

De la fenêtre de ma chambre qui donne sur la Carrera de Genil, j'entends les cloches appeler les fidèles à l'office ; les Espagnoles en mantille portant l'éventail, se dirigent par groupes nombreux vers l'église, dont le fronton décoré d'une Descente de croix est constamment éclairé. Chaque homme en passant devant le groupe douloureux soulève son chapeau et chaque femme fait le signe de croix en baisant son pouce droit.

La visite la plus intéressante à Grenade est certainement celle de l'Alhambra. Nous commençâmes par le Généralife élevé à cinquante mètres au-dessus de la colline de l'Alhambra, coquette résidence d'été des rois de Grenade d'abord et des rois d'Espagne ensuite. Ferdinand et Isabelle surtout affectionnèrent cet Eden aux jardins ombragés d'arbres odoriférants et sillonnés de petits ruisseaux répandant partout la fraîcheur.

Après avoir traversé une cour longue d'une cin-

quantaine de mètres, plantée d'arbustes et d'orangers, comme au temps des Maures et rafraîchie par
des fontaines jaillissantes, nous atteignons une immense galerie composée de gracieuses arcades et de
piliers élégants. Cette galerie aboutit à l'ancien appartement royal d'où l'on jouit d'un coup d'œil
féerique : à gauche l'Alhambra, à droite la tour de
Vigo, vigie dont la cloche de 15,000 kilogrammes
annonce l'heure des irrigations. En face s'étendent la vallée du Darro, la ville, la plaine, la montagne. Quel endroit poétique pour écrire et rêver !
Il semble qu'on ait des ailes; les idées s'élèvent et
l'on domine la terre de haut et de loin.

Dans le parc règnent une fraîcheur et un demi-jour
délicieux ; on y voit encore le cyprès de la Sultane
qui compte près de six cents ans et sous l'ombrage
duquel eut lieu le rendez-vous légendaire de la
femme de Boabdil et de l'Abencérage Hamet.

Nous quittons ce site enchanteur, nous descendons de ces hauteurs, pour remonter sur une
colline voisine très rapprochée, où s'élève l'Alhambra.

Nous sommes réellement éblouis par la magnificence et l'incomparable grâce des ornements, par
la variété des arabesques et par la profusion des

sculptures de ce palais. Cet ensemble, d'une richesse inimaginable, fait valoir la parfaite harmonie des décors délicats de l'art oriental.

Nous visitons d'abord la cour des Myrtes, à l'air embaumé par ces arbustes qui l'embellissent, puis nous arrivons à la cour des Lions, au centre de laquelle s'élève la fontaine qui lui a donné son nom. Douze lions en marbre noir soutiennent une vasque d'albâtre, d'où jadis une eau pure jaillissait en cascade, alimentant ainsi et rafraîchissant les appartements intérieurs.

Cette cour, une des plus belles et des plus grandes, fut de nos jours le quartier général de Regnault et de Théophile Gautier qui l'immortalisèrent par leur couleur et leur poésie.

Nous traversons ensuite la salle des Ambassadeurs dont le nom indique l'affectation ; la reine Isabelle y reçut Christophe Colomb, avant son départ pour l'Amérique. Nous nous arrêtons à la salle des Abencérages où, par ordre de Boabdil, fut tué le dernier prince de ce nom. On voit encore dans le bassin du centre des taches rouges que la légende attribue au sang de la victime.

Nous admirons ensuite la salle de la Justice ou du Tribunal, celle de la Favorite ou Mirador, élégant cabinet à trois fenêtres, ornées de jalousies en bois à cristaux colorés, donnant sur l'ancien jardin du Palais ; la salle des deux Sœurs qui renferme le célèbre vase de l'Alhambra ; ce vase à col étroit est recouvert d'émail blanc, bleu et or représentant des figures d'animaux. D'après la tradition, on l'aurait trouvé rempli d'or dans les jardins où il avait été enfoui précipitamment, lors de la prise de la ville ; son pendant est conservé au musée de Madrid.

A l'étage supérieur de la Torre del Peinador subsiste encore le boudoir, toilette de la reine ; cette pièce était l'endroit favori d'Isabelle qui aimait à s'y délasser, en admirant les points de vue d'une campagne enchantée. C'est là que la souveraine venait se reposer de la profusion des ors et porphyres de son palais ; elle avait fait très élégamment décorer ce boudoir par les premiers artistes italiens, dont on admire encore aujourd'hui les fresques à demi effacées.

L'escalier de cette tour donne accès à une petite cour intérieure entourée de grillages ; la légende veut que Jeanne la Folle, devenue furieuse à la mort de son mari Philippe le Beau, ait été enfermée dans ce lieu retiré, d'où ses cris et gémissements ne pouvaient parvenir à nulle oreille.

Après avoir traversé le sous-sol de la tour de Comares, nous aboutissons aux salles de bains luxueusement aménagées ; la première, immense piéce, entourée d'une galerie pour les musiciens, contient deux alcóves renfermant des lits de repos.

C'était là qu'en sortant des ondes parfumées, les souverains faisaient leur sieste au son harmonieux des instruments. Dans une salle voisine se trouvent trois baignoires en marbre blanc, différant par leur taille : celle du roi, de proportion considérable, celle de la reine d'une grandeur moyenne et celle des infants d'une taille moindre. Les murailles recouvertes de porcelaine contiennent encore des panneaux de date très reculée.

Nous revenons ensuite par de sombres couloirs à la cour de la Mosquée qui nous conduit au Mexuar, partie la plus ancienne du Palais, transformée actuellement en chapelle. Cette piéce ne présente aucun intérét ; l'autel formé d'une cheminée de marbre blanc achetée à Gênes, est sans valeur ; en face le Mihrab, ou lieu de prière, était l'endroit sacré qui recélait le Coran.

Une fois sortis de cette salle, nous gravissons de hautes marches en pierre qui nous amènent au Palais de Charles-Quint.

Cet empereur fit démolir la plus grande partie du vieux palais d'Hiver, pour la remplacer par un édifice qui ne fut jamais terminé. On comprend difficilement qu'un homme remarquable comme Charles-Quint ait pu détruire une telle œuvre d'art, pour y élever à sa place ur construction qui, dans tout son ensemble, n'aurait jamais valu une simple salle de l'ancien monument. Ce Palais, dont il n'existe que les soubassements et la façade, est construit dans l'architecture de la Renaissance; style lourd comparativement à la sveltesse et à l'élégance de l'art arabe.

L'Alhambra reste le chef-d'œuvre de l'architecture Mauresque; on sent qu'il fut construit par un peuple riche, ami des arts et du beau; ne demandant encore aujourd'hui à Allah qu'une seule grâce: celle de rentrer dans son Eldorado.

Dans l'après-midi, nous visitons, à quelques kilomètres de la ville, la Chartreuse, couvent fondé par saint Bruno, et transformé aujourd'hui en maison d'éducation des Jésuites.

La sacristie, construite par ordre de Charles-Quint, est riche et grandiose; parfaitement conservée, on la croirait achevé d'hier. C'est une immense salle comprenant dans chaque ogive un autel de forme élégante, tout en marqueterie rehaussée d'or. La partie inférieure de ces autels se compose de cases contenant les habits sacerdotaux. Aux murailles des cadres trop dorés renferment des toiles sans valeur. La chapelle, qui ne possède rien d'artistique, ne se distingue que par la richesse des matériaux.

Nous rentrâmes en ville pour visiter la cathédrale édifiée par ordre de Charles-Quint.

Le roi catholique voulait par un monument gigantesque perpétuer le triomphe du christianisme sur l'islamisme, aussi cet édifice, destiné à réaliser ce désir, présente-t-il des proportions telles qu'au premier abord il est difficile d'en juger l'étendue.

A part cette ampleur, la cathédrale, construite sur l'emplacement de l'ancienne église, ne présente rien de remarquable.

Une porte du plus pur gothique conduit à la Capilla Real (chapelle royale), derniers vestiges de la vieille église qui, avec des proportions plus modestes, était beaucoup plus artistique.

Au milieu de cette chapelle s'élèvent de superbes tombeaux de marbre dans le style de la renaissance italienne : à droite le monument de Ferdinand et d'Isabelle la Catholique sculpté par le Florentin Fancelli ; à gauche celui de Philippe d'Autriche et

de l'Infante Jeanne la Folle par Bartolomé Ordonez.
A partir de Charles-Quint, les rois d'Espagne furent
inhumés à l'Escurial.

Au fond se dresse le Maître-autel où chaque jour
on célèbre encore des messes nombreuses pour les
souverains défunts; à droite et à gauche de cet autel des statues agenouillées représentent Ferdinand
et Isabelle. La sacristie renferme différents objets,
ayant appartenu au roi et à la reine. L'épée de Ferdinand, le sceptre, la couronne, le miroir d'Isabelle ; l'étendard brodé par elle et ayant flotté sur
Grenade conquise.

En sortant de la Capilla Réal, on arrive à la pla-
zuela de La Lonja d'où la vue, sur l'édifice et le portail gothique, charme les regards.

En face la Casa del Cabildo Antiguo était autrefois le siège de l'Université ; elle devint ensuite la
résidence des rois catholiques dont les initiales F. Y.,
avec la grenade, se retrouvent presque partout.

Ce bâtiment servit ensuite d'Hôtel de ville, il ap-
partient aujourd'hui à un particulier.

Dans une petite rue latérale, des colonnes mauresques indiquent l'emplacement d'un grand marché
arabe ; entre ces élégants piliers, de petites cases
restées intactes servent encore de magasins.

Grenade s'étend au milieu d'une plaine, arrosée par le Genil et dominée par trois collines ; sur l'une se dresse le Généralife, sur une autre l'Alhambra et la troisième est l'Albaycin qui abrite les Gitanos, Egyptiens installés à Grenade dès 1532. Ils sont là dans leur domaine, ils y vivent, s'y marient et y meurent.

Notre guide, qui devait appartenir à leur race, tint à nous faire visiter un intérieur de ces bohêmes, il nous conduisit donc chez le roi ou capitan.

Après être entrés dans une excavation de rocher, nous trouvâmes dans cette espèce de grotte un intérieur complet, d'une extrême propreté ; d'abord une cuisine avec ustensiles de cuivre aussi luisants qu'un miroir ; chambre à coucher dans le fond avec couverture en soie jaune, rehaussée de tulle blanc. De chaque côté de la cuisine deux pièces d'une netteté méticuleuse, l'une affectée aux enfants, l'autre servant d'atelier ou de magasin.

Le roi nous pria d'attendre l'arrivée des Gitanas qui se préparaient à venir danser et chanter chez lui. Nous acceptâmes son offre avec plaisir ; après quelques minutes d'attente, nous vîmes arriver des femmes jeunes et gracieuses, au profil régulier, éclairé par un séduisant sourire. Vêtues de costumes bariolés aux couleurs éclatantes, elles tenaient toutes un éventail et des castagnettes. Des fleurs étaient piquées dans leurs cheveux et leurs pieds étaient chaussés de mignons souliers blancs ou roses. Elles dansèrent avec une nervosité et une souplesse admirables, et chantèrent, accompagnées par le roi, jouant lui-même de la mandoline. Puis soudain retentit la voix chaude et profonde d'un vieux Gitano, soutenue par le rythme d'un tambour de basque qu'un jeune Espagnol frappait en cadence.

Dans ce cadre pittoresque, cette musique était exquise. Le ciel d'un bleu velouté, les rayons de soleil entrant majestueusement par la porte grande ouverte, les échappées d'un paysage oriental, faisaient encore valoir le cachet exotique des nombreux bohémiens accourus pour voir les étrangers et en tirer quelques profits. Les jolies danseuses cherchaient à deviner si nous étions satisfaits ; quand elles eurent terminé leurs chants et leurs danses, elles nous apportèrent des fleurs et nous reconduisirent à notre voiture avec force salutations.

En quittant ces enfants de Bohéme, nous suivimes la promenade de l'Alameda au bord du Genil; la nuit était arrivée ; ayant vu une église brillamment éclairée, nous y entrâmes. Elle était remplie de fidèles des deux sexes, les uns debout, les autres assis sur des pliants loués à la porte. C'était l'heure du sermon, tous y assistaient avec recueillement.

La foi des Espagnols, mélangée de superstition, m'a toujours frappée. Le clergé a conservé dans ce pays l'autorité qu'il possédait jadis en France. On sent qu'il tient le peuple qui en toute circonstance s'adresse au Padre. La classe peu instruite place le prêtre au-dessus de l'humanité et lui reconnait un prestige divin. La classe supérieure respecte à son tour ce prestige, sur lequel elle s'appuie, pour conserver elle-même une certaine auréole.

L'Espagnol possède un caractère fier, brave, généreux, il se montre chevaleresque et nous n'eûmes qu'à nous louer partout de ceux que nous avons rencontrés. Deux seulement parmi ceux-ci ont été désagréables : un prêtre et un toréador !

Le prêtre était accompagné de son père, brave paysan très poli, qui portait avec bonheur la valise de son fils ; ce dernier très suffisant le regardait de haut. En montant dans le wagon, il choisit la meilleure place ; pendant le trajet il n'adressa la parole à qui que ce fût, pas même en passant devant les voyageurs ; dérangement qu'il leur occasionnait souvent, car à chaque gare il s'avançait majestueu-

sement à la portière pour saluer des amis et des
amies qui, en l'apercevant, s'approchaient et lui bai-
saient les mains. En quittant le train, il alla rejoindre des dames et des prêtres descendus en même
temps que lui ; le pauvre père, resté en arrière et
auquel personne ne prêtait attention, attendit pa-
tiemment, toujours la valise à la main, que les salutations fussent terminées.. Ce manque de respect
filial nous choqua tous et nous attrista.

Le toréador se recrute parmi les bouviers et les
bergers ; véritable parvenu à l'air hautain, il est
suffisant et se croit tout permis. Avec son costume
spécial : culotte très collante du haut et large du
bas, petit veston venant à la taille, natte de cheveux sur la nuque, accroche-cœur sur les tempes,
chapeau rond et plat, on le reconnaît immédiatement. Il est heureux de se faire admirer et se com-
plait dans des poses souvent ridicules.

On nous a raconté qu'un toréador célèbre (peut-
être Mazzantini qui a amassé des millions) était
admis à la Cour. Un jour il vint voir la reine Isabelle qui s'empressa de le recevoir ; en se levant
pour partir, il dit à la souveraine qui le recondui-
sait : « Tu n'as pas de commissions pour ta sœur
(la duchesse de Montpensier), je pars ce soir pour

Séville !... » On nous a assuré la véracité du fait.

Du reste, comme je le disais au début, les combats de taureaux sont tellement passés dans les mœurs espagnoles, qu'ils sont devenus une nécessité. Nous avons vu des enfants imiter en jouant une corrida ; les uns, armés de piques et d'épées, courent sur les autres qui avec d'énormes cornes sur la tête simulent les taureaux ; d'autres encore, montés sur les épaules de leurs camarades, remplacent les picadors. Les bazars vendent des jouets représentant des matadors, des taureaux et même des chevaux à l'œil bandé. Etant habitués dès l'enfance à ce passetemps cruel, les Espagnols n'en sentent plus la barbarie.

Goya a reproduit ce jeu d'enfants dans des fresques qui ont servi de modèles à la fabrication de tapisseries que nous avons retrouvées au château royal de l'Escurial.

Une femme, l'impératrice Eugénie, dont l'influence fut fatale à la France, naquit à Grenade en 1826 ; elle était comtesse de Téba, petit village distant de quelques kilomètres.

Après plusieurs journées passées dans cette merveilleuse ville, nous continuâmes notre route du côté de Séville. La distance n'est pas très longue,

mais que de temps il nous fallut pour la franchir !
Partis dès le matin à la première heure, nous n'arrivâmes que le soir, après avoir changé plusieurs
fois de train à Bobadilla, Marchena, Utrera.

Les environs de Séville sont fort beaux; aux
portes mêmes de cette jolie cité se trouve la coquette
station de: les Dos Hermanos, composée unique-
ment de parcs et de villas appartenant aux riches
commerçants sévillans. La flore orientale s'y épanouit dans toute sa splendeur, avec ses palmiers en
plein champ, ses haies de cactus, ses aloès fleuris
dont la tige haute de deux à trois mètres se coupe
et se fait sécher.

Quelques instants après nous apparaît Séville,
146.000 habitants, ville riante sous un ciel clément
où tout invite à la nonchalance et au plaisir. Les
Espagnols du nord : Catalans, Castillans, Bis-
cayens, Navarrais, seuls y montrent quelque activité ; tandis que les Andalous (Gascons de l'Espagne)
passent leur vie dans une douce oisiveté.

Les maisons blanches avec toits en terrasse res-
sortent sur le ciel bleu et donnent à la ville un aspect
oriental. Les rues sont étroites, les constructions,
tout en profondeur, ne possèdent aucune architecture. Au milieu de la façade, une porte grande et

large conduit à un vestibule aux murs de porcelaine, donnant accès à une cour décorée de jets d'eau
et de plantes vertes. Ce patio, sur lequel aboutissent
toutes les pièces, est l'endroit familier servant de
salon, salle à manger, cabinet de travail, salle de
jeu.

Dans quantité de maisons, un paravent, posé devant la porte ouverte du vestibule, protège les habitants contre les regards indiscrets de la rue. Les
Espagnols vivent dans un perpétuel courant d'air.
il est probable que la douceur de leur climat les
met à l'abri des rhumatismes ou des fluxions.

La Cathédrale, jadis Mosquée, maintenant une
des plus grandes et des plus belles églises gothiques,
donne l'illusion d'un véritable musée.

La simplicité et la sobriété de l'ensemble, l'harmonie sévère des proportions frappent d'autant
plus que les dimensions sont plus étendues, les
lignes plus pures, les profils plus élégants. La hauteur de ses piliers est réellement vertigineuse.

La Capilla-Mayor renferme un immense maître-
autel en bois, chef-d'œuvre de la sculpture gothique; dans la niche centrale la statue en argent de la
Vierge est entourée de quarante-cinq panneaux,
représentant des scènes de la Bible et de la vie de

la Vierge. Au sommet, et dominant l'ensemble, se trouvent un crucifix et deux statues, l'une de sainte Marie, l'autre de saint Jean.

Derrière la Capilla Réal, s'élève une chapelle à la mémoire de saint Ferdinand, mort le 31 mai 1252. Les restes du saint patron de Séville sont renfermés dans une châsse qu'on expose à certains jours de l'année et devant laquelle les troupes défilent. Ce reliquaire contient également la Virgen de las Batallas, petite statue d'ivoire que le roi portait toujours à l'arçon de sa selle.

Dans cette chapelle on admire aussi la Virgen de los Reyes, donnée par saint Louis de France à saint Ferdinand. C'est une image du xiiie siècle, avec une chevelure d'or ; les lys de France et le mot : « Amor » sont brodés sur les souliers et les vête-ments. La couronne, en pierres précieuses, de cette Vierge a été volée en 1873.

A droite et à gauche s'élèvent les tombeaux d'Alphonse le Sage et de sa mère la reine Béatrice de Souabe.

Dans la crypte reposent les cercueils de Pierre le Cruel, de Maria de Padilla, sa favorite, et de plu-sieurs enfants.

Les autels, entièrement recouverts de grilles,

donnent plutôt l'illusion d'une prison que d'une église ; chaque autel a son gardien spécial ; après vous avoir fait visiter sa chapelle, il vous repasse à un autre, moyen sûr de récolter de nombreux pourboires.

Les tableaux contenus dans l'église ne possèdent pas une grande valeur ; le Saint Antoine de Murillo, placé dans un endroit sombre, a poussé au noir, aussi le distingue-t-on à peine ; le Baptême du Christ posé au-dessous est beaucoup plus beau.

Ce Saint Antoine a donné lieu à un incident assez piquant ; un jour on s'aperçut que la tête du saint avait été coupée et enlevée ; on la chercha partout et ce ne fut que longtemps après qu'on la retrouva en Amérique. On la rapporta et on la remit en place ; cette opération fut faite avec tant d'habileté qu'il n'en reste pas trace, même aux yeux de ceux qui connaissent l'aventure.

Une galerie qui contient les dais, les autels dorés, les brancards des grands jours, conduit à la salle du chapitre, pièce immense décorée par Murillo ; une vierge et huit médaillons attestent le talent du Maître.

Dans une petite cour latérale, reposent enfin les restes de Christophe Colomb. Le grand explorateur, d'abord inhumé en Amérique, fut ramené à Valladolid pour être plus tard transféré à Séville.

Un tableau de Campana : la Famille del Mariscal, fondatrice de cette chapelle mortuaire, est de toute beauté. Les portraits des donateurs, à droite les hommes, à gauche les femmes, encadrent une Présentation de la Vierge au Temple et Jésus chez les Docteurs. Ces peintures sont de véritables chefs-d'œuvre.

La Giralda, merveille de Séville, se distingue surtout par ses proportions harmonieuses. Cette tour, qui primitivement servait de minaret, fut transformée en clocher, lors du changement de la mosquée en église. Au-dessus de sa plate-forme crénelée, on éleva un beffroi sur lequel fut transportée la statue colossale d'une femme représentant la Foi. Cette figure, haute de quatre mètres, tient le labarum et sa mobilité est telle qu'elle a fait donner à la tour tout entière le nom de Giraldillo ou Girouette. La Giralda est placée sous la protection spéciale des saintes Justa et Rufina, comme l'indique un tableau de Murillo.

Du haut de cette plate-forme la vue s'étend sur la ville nonchalamment assise au milieu d'une plaine fertile, et sur le fleuve majestueux qui se jette non loin de là dans la mer à San-Lucar.

En face de la cathédrale se trouve la Lonja, édifice carré, de style renaissance, destiné aux marchands de Séville. Le premier étage de ce Palais contient les archives des Indes et de l'Amérique.

De l'autre côté, toujours sur la place de la cathédrale, se dresse l'Alcazar majestueux, ancienne résidence des rois Maures et des souverains d'Espagne. Ce palais, construit au xm^e siècle, sur les ruines d'un prétoire romain, présente un mélange de style oriental et gothique plein de charme et d'originalité. Les murs, flanqués de hautes tours crénelées, ont conservé le caractère des châteaux-forts du moyen âge ; la partie inférieure de ces murailles est recouverte de carreaux aux plus riches couleurs qui joignent ainsi l'harmonie du coloris à l'harmonie du dessin.

Après avoir franchi une large porte, on arrive à la cour des Orangers ; les dalles de marbre contribuent avec les fontaines jaillissantes à entretenir la fraîcheur dans cet endroit délicieux, où les appartements privés très nombreux se composent de galeries et de salles spacieuses, décorées d'arabesques et de dessins rehaussés d'or et de couleurs éclatantes. Ces appartements, enrichis d'antiquités précieuses, sont reliés entre eux par des cours et des jardins intérieurs.

Le salon des Ambassadeurs est splendide ; c'est là que fut célébré le mariage de Charles-Quint et d'Isabelle de Portugal.

L'appartement de Maria de Padilla et celui de Philippe II sont admirablement conservés.

Philippe V, malade et fatigué, passa dans ce palais, au déclin de sa vie, deux ans dans la retraite la plus complète.

Les derniers habitants de cette royale demeure furent le duc et la duchesse de Montpensier. Dans une des salles du rez-de-chaussée, existe une plaque commémorative de la naissance de la comtesse de Paris (septembre 1848).

Les jardins de l'Alcazar sont connus du monde entier ; ils furent créés par Charles-Quint. L'eau, jaillissant de nombreux rochers, retombe écumante dans des vasques de porphyre. Le jet des fontaines entretient une fraîcheur exquise, grâce à laquelle les arbustes restent toujours verts. Les plantes exotiques s'y épanouissent au milieu d'une végétation luxuriante d'orangers énormes, de myrtes, de lauriers, de grenadiers, de figuiers et de bananiers.

Ces jardins sont entourés de murs épais sur lesquels règne une vaste terrasse, dont l'altitude permet de jouir d'un magnifique panorama.

Au bout d'une allée sombre et ombragée existent encore aujourd'hui les bains de Maria de Padilla. Thermes couverts, où l'un de nos peintres modernes : Gervais, plaça le sujet d'un tableau bien connu.

On voit la favorite sortir du bain entourée de suivantes et de grands de la Cour; tandis que l'onde nacrée ruisselle encore sur sa peau fine et blanche, les courtisans boivent à tour de rôle le liquide parfumé du bain de la déesse. Cette scène colorée par le soleil d'Espagne, me revint à la mémoire dans cette salle remplie d'obscurité et formant ainsi le plus étrange contraste avec le tableau aux tons chauds que j'avais tant admiré.

La réalité me parut encore plus décevante à la Manufacture des Tabacs. Je voulus assister à la sortie des cigarières. Hélas, quel lamentable défilé apparut à nos yeux : des femmes pâles, maigres, dont la seule coquetterie consiste à placer une fleur dans leur sombre chevelure. Enveloppées dans un grand châle noir qui masque mal une robe usée et déteinte, ces créatures portent la livrée de la misère.

Elles ont une physionomie anguleuse, des traits fatigués, un teint ravagé par les privations. Quel abîme entre ces malheureuses et la Carmen immortalisée par Bizet !

Les femmes sont beaucoup moins jolies à Séville qu'à Grenade, quant aux hommes ils sont gros et courts ; ni les uns, ni les autres ne possèdent ce charme, cette séduction, dont nous aimons à revêtir les senors et les senoras.

L'art devient réellement sublime par le don qu'il possède de transformer et d'embellir les images les plus vulgaires. A chaque coin de rue un peluquiera ou un barberia évoque le souvenir de l'espiègle Barbier de Séville. Mais hélas ! Beaumarchais, qu'il y a loin de ton chef-d'œuvre à la triste réalité !.. Dans l'intérieur sombre d'une modeste boutique se dessine la lourde silhouette d'un Espagnol à la démarche lente, au geste empesé. Et soit qu'il songe à ses clients, soit qu'il parcoure sa gazette, ce personnage commun ne rappelle en rien l'allure vive et spirituelle du fameux Figaro.

Le Musée n'est intéressant que par les Murillo qu'il renferme ; entre autres la Serviletta et une Adoration des Bergers.

La Vierge de Séville est d'une touche si déli

cate qu'on aperçoit les fils de la toile sur laquelle elle est reproduite. On raconte que ce tableau a été peint par Murillo sur une serviette (d'où lui vient le nom de servileta) afin de payer l'hospitalité du couvent où l'artiste se trouvait alors à court d'argent.

Dans l'Adoration, la Vierge souriante est vêtue de bleu. Elle présente l'enfant divin aux bergers qui se prosternent dans une attitude superbe de foi naïve.

Le tableau qui m'a le plus frappée, celui que le Maître appelait son chef-d'œuvre, représente l'évêque saint Jean de Nevuela, donnant l'aumône à un mendiant agenouillé, tandis qu'à l'arrière-plan deux têtes d'enfants malheureux et deux têtes de vieillards forment un contraste frappant. Cette œuvre vous surprend, vous saisit ; d'un côté l'évêque aux traits fins, à la main aristocratique; de l'autre le mendiant aux membres déformés, à la main calleuse et rustique. C'est la vie même avec ses rudesses et ses antithèses.

Une toile de Zurbaran est aussi impressionnante de grandeur et de beauté : à l'arrière-plan plusieurs personnages sortent d'une cathédrale renaissance, formant le fond du tableau. Au premier plan

Charles-Quint à genoux, accompagné d'un archevêque, prie les quatre Pères de l'Eglise, planant dans les nues. Cette scène est remplie de foi et de piété primitives.

Les promenades de Séville sont ravissantes; sur la rive gauche du Guadalquivir s'élève le palais de Santelmo, ancienne propriété du duc de Montpensier, offerte depuis par l'infante Marie-Louise à l'Archevêché pour l'établissement d'un séminaire. Le parc immense fut divisé et la partie la plus étendue transformée en jardin public où croissent des variétés nombreuses et rares de palmiers et de mandariniers.

Nous ne fûmes pas peu surpris de rencontrer sous ces arbustes : chevreuils, cerfs et sangliers parqués en demi-liberté. L'harmonie de ce parc attire la société sévillane dans ses multiples allées que sillonnent en tous sens de fringants équipages. Dans une de ces avenues ombragées, se tient, tous les ans, pendant le carême, la fameuse foire de Séville connue du monde entier.

En amont du Guadalquivir, se dresse en véritable vigie : la Torre del Oro (Tour d'or), ainsi nommée en raison de la couleur de ses azulejos. Ancienne tour fortifiée de l'Alcazar, plus tard transformée en trésorerie, puis en prison par Pierre le Cruel ; occupée aujourd'hui par les bureaux du commandant du Port ; les navires jettent l'ancre en face de ce fort.

Tout à côté, un large pont jeté sur le fleuve conduit à Triana, faubourg de la ville, quartier des Gitanos. Ces bohémiens sont à peu près les mêmes qu'à Grenade, avec cette différence que leurs maisons ici sont construites en pierre, tandis que là-bas, elles sont creusées dans la montagne. Race nonchalante qui ne s'exerce qu'à une chose : à demander l'aumône. Les filles ont l'œil vif, l'air provocant et le geste impérieux que ne possèdent pas leurs sœurs de Grenade. Les enfants mêmes ont déjà contracté des habitudes vicieuses, qu'il est facile de deviner à leurs allures hardies.

Cette promenade est fort pittoresque. Le bourg de Triana a conservé sa fabrication de poteries vernissées et luisantes connues depuis la plus haute antiquité.

A Séville, nous voulûmes tout visiter, je me vois donc forcée de mentionner ici deux endroits peu intéressants et que je n'engage personne à parcourir :

1° La case de Pilate.

2° La maison de Murillo.

La case de Pilate, construction du XVI° siècle, d'après le plan des maisons romaines. L'original propriétaire de cette demeure, ayant voyagé en Italie et en Terre-Sainte, rapporta de ces contrées quantité de bustes, colonnes et autres objets décoratifs dont quelques-uns avaient, parait-il, appartenu à Pilate, d'où le nom de case de Pilate.

On montre même une colonne de marbre à laquelle le Christ aurait été attaché pour subir le supplice de la flagellation. C'est de la fantaisie toute pure et je ne comprends pas le mobile auquel les guides obéissent en mentionnant cette demeure, qui ne possède aucun caractère authentique.

Nous voulûmes voir également la maison de Murillo dans laquelle le Maître mourut, après être tombé d'un échafaudage, sur lequel il était monté pour peindre, au couvent des Capucins de Cadix, le mariage mystique de sainte Catherine. Rien n'y rappelle le séjour du grand artiste, si ce n'est une simple plaque commémorative.

Nous quittons Séville par le train du matin, et arrivons à Cadix dans l'après-midi ; entre ces deux villes ce ne sont que plaines immenses brûlées par le soleil.

Des troupeaux de taureaux en plein champ animent seuls le paysage.

En passant à Xérès dont le vin est connu du monde entier, à l'égal de celui de Malaga et d'Alicante, nous sommes surpris de constater la rareté des vignes; quelques clos seulement aux environs de la ville. On se demande comment ce vignoble si peu étendu peut suffire à produire la quantité prodigieuse du liquide vendu sous l'étiquette de Xérès. La chronique prétend que ce résultat est obtenu, d'abord par le coupage de ces vins forts et colorés avec de l'eau, ensuite par l'addition de certains acides provenant directement d'Allemagne.

En quittant Xérès on arrive presque immédiatement à Ponto-Maria, ville qui présente un caractère arabe: maisons très blanches et plates, avec toits en terrasse et murailles épaisses. De là Cadix semble tout proche à vol d'oiseau; ces deux villes paraissent voisines, tandis qu'en réalité la dernière se trouvant située à l'extrémité d'un promontoire, la voie ferrée contourne cette langue de terre par une courbe d'une vingtaine de kilomètres.

Nous passons près de l'observatoire, le plus méridional du continent européen; nous traversons des marais salants au milieu desquels s'élèvent d'innombrables pyramides de sel; arrivés à San-Fernando, nous suivons une lagune d'où nous apercevons disséminés quelques vestiges de tours; puis des murailles élevées, une gare tout en bois, laide et noire, semblable à un hangar et nous sommes à Cadix; véritable rocher entouré de murs très épais qui le protègent contre la mer.

Cette place fortifiée est très commerçante, mais peu artistique; tout y est blanc: les maisons, le roc, et cette blancheur crue se détache sur la couleur du ciel et de la mer; là l'océan est aussi bleu que la Méditerranée. Les anciens ne connaissant que la mer intérieure ignoraient le flux et le reflux, ce fut seulement en ce lieu qu'ils remarquèrent ce phénomène et l'étudièrent.

La ville entourée de hautes murailles est d'accès difficile, ses vieilles portes moyen âge lui donnent un aspect sévère; la Cathédrale renaissance ne possède aucune œuvre d'art.

Une promenade superbe s'étend au bord de la mer, endroit délicieux par sa situation, sa verdure et son ombrage. Un essaim de nourrices s'ébattait là en toute liberté; chacune de ces femmes, très soignée, portait un enfant couvert de riches vêtements.

Ce bataillon d'un nouveau genre était surveillé par des religieuses, sous le commandement desquelles il se trouve pendant l'absence des maitres, éloignés par les hasards de la navigation.

LE lendemain de bonne heure nous nous embarquons pour l'Afrique.

D'abord nous longeons les côtes d'Espagne ; nous voyons au loin Trafalgar dont la victoire coûta aux Anglais leur grand Amiral Nelson ; puis la pointe d'Algésiras, extrémité occidentale du fameux détroit. Nous obliquons à droite vers des côtes escarpées, nous apercevons une ville bâtie en amphithéâtre : c'est Tanger, c'est l'Afrique.

La traversée avait duré près de huit heures ; le temps était beau ; j'étais restée sur le pont balancée par les flots bleus, d'un charme exquis, que je voyais se transformer en écume blanchâtre, aussi

étincelante que la neige. L'air y était d'une séré-
nité et d'une limpidité enchanteresses.

Sur le même navire se trouvait un ingénieur
français ayant fait plusieurs fois le tour du monde.

Entre compatriotes la connaissance s'établit vite
et la conversation intéressante de ce Parisien y
aidant, nous étions à l'arrivée devenus déjà
presque amis.

Tanger ne possédant pas de port, le bateau
s'arrête à quelques kilomètres de la côte ; de petits
canots venus du rivage amènent les passagers
jusqu'à la jetée, à laquelle ils accèdent par un escalier très élevé. Avant la pose de ces gradins qui ne
datent que de quelques années, les Arabes pre-
naient les voyageurs sur leurs épaules et les por-
taient ainsi jusqu'à la plage.

Quelle impression extraordinaire vous saisit, en
arrivant dans cette ville si peu civilisée ! On semble
revenu à plusieurs siècles en arrière, quand, après
avoir franchi la muraille toute blanche et crénelée,
on parcourt ces rues étroites, malpropres, bordées
de petites cases où pêle-mêle se trouvent entassées
toutes sortes de marchandises ! Quand, en pleine
chaussée, on se voit au milieu de tous les burnous
qui s'agitent, se démènent, gesticulent, on se sent

vraiment étranger et l'on éprouve là une vague sensation d'exil.

Après avoir traversé une partie de la ville, nous arrivons au marché du Zocco, large et aéré, où plusieurs fois par semaine les paysans viennent vendre leurs denrées.

Ce terrain est dominé par l'Hôtel de France, situé au sommet d'une colline, d'où la vue plonge sur la ville et sur la mer.

La race des Arabes est très mélangée : d'abord les Berbères ou Arabes proprement dits, les Juifs Arabes, puis les Nègres ou Soudanais, enfin, les Riffins, anciens pirates venus des montagnes du Rif, entre Tanger et Tunis. Ces derniers se reconnaissent à la mèche de cheveux qu'ils laissent pousser en arrière de la tête complètement rasée ; mèche par laquelle Mahomet, disent-ils, doit les enlever jusqu'au ciel. Les pirates, cruels ancêtres de cette tribu, allumaient autrefois des feux sur la côte pour attirer les navires et les piller ; encore aujourd'hui le caractère de ces indigènes a conservé une certaine teinte de cruauté. La plupart des Riffins sont porteurs d'eau et quelle eau !... Un liquide saumâtre, épais, qu'ils vont chercher à la montagne et qu'ils rapportent sur leur dos, dans des outres en peau de chèvre. On leur paie un demi-sou ou un sou le verre et pour vingt-cinq centimes, ils versent le contenu de leur outre dans des vases en terre. Le produit de ce labeur est destiné par eux à l'accomplissement du pèlerinage de la Mecque; voyage auquel ils tiennent énormément en raison de la considération dont ils jouiront au retour près de leurs compatriotes.

Les Arabes paraissent tous grands; la robe et l'ample manteau contribuent à leur donner l'air imposant et l'apparence d'une taille élevée. Ces vêtements blancs sous le soleil sont très décoratifs. Par contre, les femmes, avec leur costume flottant, ressemblent à de véritables paquets ambulants, d'où émergent plusieurs petites bosses qui remuent et s'agitent; ce sont leurs enfants qu'elles portent ainsi à califourchon sur les reins et dont la tête reste enfoncée sous le burnous maternel.

Le jour même de notre arrivée, nous gravissions la côte occidentale de la baie de Tanger. Du haut des falaises couvertes d'arbustes, dominant le détroit de Gibraltar, nous avions en même temps sous les yeux l'Océan et la Méditerranée, les deux rochers: Calpé et Abyla, d'un côté l'Europe, de l'autre l'Afrique. Pour revenir par les terres, le trajet est long et intéressant. Çà et là s'élèvent au ras du sol des huttes en herbages et roseaux desséchés, ce sont des habitations maures qui de loin, se perdant dans le ton gris de la terre, apparaissent comme des amas de feuillages.

Nous rencontrâmes un Santo à cheval. Personnage vénéré qui prétend descendre du Prophète ; il était superbe avec sa robe rouge, son burnous bleu clair, sa grande épée qu'il tenait en travers de sa selle et qui barrait le chemin. Les enfants s'approchaient pour baiser le bas de ses vêtements, tous le saluaient en s'inclinant profondément. Un peu plus loin nous nous trouvons au milieu d'une quantité de femmes et d'enfants de la montagne qui revenaient du bain. Leurs costumes aux couleurs vives se détachaient dans ce paysage africain, où le burnous est indispensable et où nos habits européens semblent laids et étriqués.

Le lendemain nous gravîmes la seconde colline de Tanger, c'est-à-dire le Marchan, quartier des Juifs et des Européens ; la population anglaise surtout y domine. Il nous fallut contourner la ville par des chemins excessivement étroits, mais très pittoresques, bordés de haies de cactus ou de bambous. Les branches des arbres retombent presque à terre, à tel point qu'un cavalier qui nous croisait à rapide allure, y perdit sa coiffure.

Après avoir franchi des ravins abrupts, nous dûmes faire un grand détour pour passer une rivière, dont l'eau très basse laissait voir le lit boueux. Nous vîmes à ce moment, près d'un étroit pont de bois, au pied de la montagne, plusieurs caravanes de chameaux, coup d'œil pittoresque, surtout quand ces quadrupèdes, à la marche majestueuse et lente, traversèrent le pont rustique; il nous semblait alors assister à un défilé du Châtelet ou de la Gaîté. Ces animaux nous suivirent, nous atteignirent, puis se laissèrent dépasser à leur tour et ce fut au milieu d'eux que s'effectua notre entrée en ville.

Le vendredi est le jour saint des Arabes; très attachés à leur religion, ils ne manquent jamais de se rendre à la Mosquée; aussi profitent-ils de cette réunion hebdomadaire pour s'occuper de leurs intérêts. En sortant du lieu sacré, ils vont consulter les greffiers-notaires qui, assis dans de petites échoppes, donnent des conseils, écrivent et rédigent les actes.

Le dimanche est jour de grand marché; une quantité innombrable de mulets, d'ânes, de chameaux sillonnent la ville en tous sens. Indigènes et animaux crient, braient, hennissent et font un vacarme effroyable. Dans la rue on est à chaque instant entouré d'ânes de tous côtés; à ce mot : Vala (prends garde), qui résonne sans cesse, on cherche à obliquer, à se détourner à droite, à gauche : impossible! Partout on se heurte, partout on rencontre une tête, des oreilles, des jambes de cavalier, des ballots énormes! C'est une véritable bagarre.

Fez, centre important du Maroc, est relié à Tanger par de simples sentiers tracés par le passage quotidien des caravanes. Le trajet d'une ville à l'autre demande huit jours. Les marchandises apportées en balles très épaisses sur le dos des chameaux, consistent en grains, étoffes, vêtements, chaussures; ces dernières sont des babouches de cuir jaune, commodes pour les Arabes qui se déchaussent chaque fois qu'ils pénètrent dans une mosquée, ou dans une maison.

Parmi la foule bruyante, nous remarquons surtout les charmeurs de serpents qui se font mordre la langue, le nez, le visage par ces reptiles non venimeux, mais assez gros et très vifs, étant donnée la chaleur.

Sur le marché se trouvent des femmes accroupies en plein soleil et vendant par petite quantité du charbon de bois, des raisins, des figues de Barbarie (fruits du cactus), des racines ligneuses (espèce de fourrage); le contenu de chacun de ces éventaires ne vaut certainement pas plus de cinquante centimes, et ces malheureuses passent ainsi leur journée pour vendre des produits d'aussi minime valeur.

Il faut les voir, si par hasard un âne tout en marchant emporte un peu de ce fourrage, quels gestes, quels cris contre l'animal et son maître. Les voisins, les passants prennent fait et cause pour l'un ou pour l'autre ; souvent il en résulte une dispute, voire même une rixe grave.

La légation de France ayant appris notre arrivée à Tanger, un de ses attachés, homme fort aimable, vint nous voir. C'était un Algérien intelligent et spirituel, avec des idées très larges et des appréciations fort justes. Il avait beaucoup voyagé et tout récemment il avait accompagné en France l'ambassade marocaine reçue à l'Elysée par le Président Félix Faure. Paris lui avait laissé un souvenir inoubliable, mais la curiosité provoquée par son costume l'avait fort géné. Les Arabes chez

. eux sont plus discrets; ils ne détournent même pas la tête, quand ils rencontrent un étranger.

Ce jeune diplomate nous introduisit à la Kasbah: forteresse, Palais de Justice et résidence du Gouverneur, dans laquelle il nous fit accompagner par un de ses secrétaires. Quelle résidence, quelle justice et quel palais!

Dans une cour sordide s'élève un bâtiment que des grilles séparent en trois cases : le vestibule, la salle d'attente, la salle d'audience ; au fond de cette dernière pièce, le Cadi, en burnous blanc, à demi couché sur une natte, siège, entouré de soldats.

Les plaideurs sont introduits en même temps et chacun, en s'agenouillant, expose sa cause au juge. Parfois ils gesticulent et crient avec tant de violence que les gardes doivent les faire sortir ; expulsion dont nous avons été témoins et qui nous permit de constater, avec un certain plaisir, que le passage à tabac n'existait pas seulement en Europe.

Le Cadi, lieutenant du Pacha, a le pouvoir d'incarcérer le coupable ou de le relâcher, sans autre forme de procès.

La prison se compose d'une quantité de cours noires et étroites où les détenus, dont quelques-uns les fers aux pieds, travaillent en commun.

La maison du Gouverneur est un palais délabré, comprenant de nombreuses petites pièces aux murs en faïence, aux portes cintrées, et aux plafonds de bois sculpté ; le tout est enduit de ciment et teinté de bleu.

Les cours intérieures et les jardins incultes offrent un aspect désolé qui provoque une impression pénible.

Pour revenir en ville, nous passâmes dans le quartier arabe proprement dit. Là les rues sont tellement étroites, qu'il faut se ranger contre le mur pour laisser circuler les passants. Ce ne sont partout que maisons mauresques, c'est-à-dire bâtiments sans autre ouverture extérieure que celle de l'entrée ; ces habitations ont toutes une cour sur laquelle les pièces viennent aboutir. Par une porte entr'ouverte je pus apercevoir, au milieu d'un jardin, des femmes et des enfants vêtus d'étoffes claires et soyeuses, mais aussitôt qu'ils remarquèrent qu'on pouvait les voir, ils fermèrent cette porte avec précipitation.

Les rues ni lavées, ni balayées, pleines de détritus, attirant les mouches, dégagent une odeur nauséabonde ; on se demande par quel hasard providentiel la peste n'élit pas, sans trêve, domicile dans ces parages. Il parait que l'air de la mer assainit ces ruelles infectes, en emportant au loin les microbes.

Le type arabe est remarquable par la régularité des traits ; j'ai rencontré des fillettes d'une grande beauté : aux yeux noirs veloutés, au teint nacré, aux cheveux de jais et d'un ovale parfaitement dessiné.

Les Arabes conservent un certain respect pour leurs morts ; ils n'en gardent jamais chez eux. Aussitôt qu'un malade a rendu le dernier soupir, il est immédiatement transporté dans un lieu spécial en attendant l'inhumation. Cet abri mortuaire est situé en face de l'hôpital.

L'enterrement se fait d'une façon très simple. Le corps, enveloppé seulement de bandelettes, recouvert d'un drap, est porté par quatre hommes sur un brancard rustique. Les parents et amis, pieds nus, suivent en psalmodiant ces mots : Allah seul est Allah, seul il est grand. Une fois le cortège arrivé près de la tombe, le mort est déposé sur le sol pendant quelques instants, puis deux hommes le descendent dans la fosse profonde tout au plus d'un mètre. Les assistants attendent qu'elle soit recouverte de terre, puis un porteur d'eau vient l'arroser avec son outre, tandis que les parents s'éloignent. Une coutume bizarre veut qu'à ce moment on distribue des gâteaux aux enfants qui ont accompagné le défunt à sa dernière demeure.

Pendant les premiers jours qui suivent l'inhumation, la famille dépose sur la tombe des aliments destinés aux indigents; les visites s'espacent, et une fois par semaine seulement, le vendredi de préférence, les parents reviennent prier près de l'être disparu.

Là, comme chez nous, dans ce champ où l'égalité devrait cependant régner, des différences subsistent encore. Un modeste cube de bois indique l'emplacement où reposent les morts de condition ordinaire; seuls les savants, les santos, les marabouts ont droit à la pyramide de pierre blanche.

Tous les soirs, au crépuscule, nous apercevions un rassemblement de deux à trois cents personnes sur la place du Zocco. Ce fait piqua notre curiosité, nous nous approchâmes et nous vîmes, monté sur une plate-forme, un Arabe qui racontait des histoires sans doute fort terribles, car l'effroi était empreint sur tous les visages. Le conteur marchait en criant et gesticulant, souvent il portait la main à son cou, comme si, dans ses paroles, il eût été question de décollation.

Et tous les jours ce même homme venait à la même heure, au même endroit, recommencer les mêmes gestes et faire un récit analogue devant la même assistance.

J'appris plus tard que cet Arabe exerçait la profession de conteur public et qu'il avait mission d'instruire et d'amuser les naïfs musulmans.

La plage de Tanger, toute de sable fin, est très étendue; chaque jour nous y venions prendre un bain prolongé, nous délassant ainsi des excursions à dos de mule. Là nous rencontrions un petit bossu à physionomie malicieuse, qui préparait nos cabines et nous entourait d'attentions. J'éprouvais un certain plaisir à le voir; il me rappelait le Phrygien Esope et j'étais toujours tentée de lui demander le récit d'une fable.

Quelques jours après notre arrivée, nous fîmes une excursion au cap Spartel, situé à la pointe occidentale de la Mauritanie et surmonté d'un phare éclairant au loin l'Océan. Pour gagner du temps et avoir de la fraîcheur nous partons dès le matin, en suivant la côte. A quelques kilomètres de la ville, nous nous engageons dans des terres incultes que recouvrent seulement des arbustes rares et rabougris : véritable brousse à laquelle les indigènes mettent le feu pour éloigner les reptiles très nombreux dans ces parages. Nous marchons ainsi pendant plusieurs heures et sauf une pauvre vieille courbée sous le faix d'un énorme fagot, nous ne rencontrons aucun être vivant. Le soleil haut déjà se fait de plus en plus sentir et nous aspirons après l'ombre des grands arbres qui forment un rideau à l'horizon ; enfin nous atteignons cette verdure bienfaisante, indiquant la proximité d'une source ; nous obliquons du côté de la mer et nous descendons des sentiers raides et tortueux jusqu'à l'extrémité du promontoire, but de notre excursion ; nous sommes au cap Spartel.

Le phare qui s'élève à la pointe du cap étant international, chaque puissance maritime est chargée à tour de rôle de veiller à son entretien. Avant de partir, nous avions dû demander à la légation d'Autriche l'autorisation d'en visiter l'intérieur. Dans une chambre à laquelle on accède par un escalier très élevé, rayonne une énorme lampe à six becs entourée de lentilles et enfermée dans une tourelle de verres grossissants. L'extérieur de cette tour est garni d'un grillage protégeant les verres contre les oiseaux de passage, attirés par la lumière et qui pendant la nuit viennent se jeter dans les fils de fer pour retomber étourdis.

.Au pied même du phare et abritée par la falaise, s'élève la maison du gardien, entourée d'un petit jardin fort bien cultivé. Nous déjeunons dans une pièce mise gracieusement à notre disposition par le garde et, pendant le repas, nous admirons tout à l'aise le spectacle magnifique de la mer dont les vagues frémissantes viennent se briser contre les rochers. Quel contraste entre les raffinements de la civilisation et cette grandiose simplicité !

Nous remontons sur nos mules qui s'étaient reposées à l'ombre des grands arbres et nous reprenons un chemin différent. Après avoir traversé des montagnes couvertes de brousse, aux sentiers ravinés et pierreux, nous arrivons sur des plages absolument désertes. Pas un chant d'oiseau, pas un cri d'animal, nul vestige d'être vivant. Seul le mugissement de la mer agitée dont les vagues pleines d'écume viennent mourir à nos pieds. Je songeai à Christophe Colomb découvrant des rivages inconnus, à Robinson Crusoé abordant dans son île et l'émotion que j'éprouvai à la vue de ce paysage imposant et sauvage, est peut-être la plus profonde de tout mon voyage.

Le vent s'était élevé tout à coup et devint si violent qu'il soulevait des tourbillons de sable dont il nous cinglait le visage. Je compris alors pourquoi la plus grande partie des Arabes sont atteints d'ophtalmie, la réverbération du soleil et les grains de sable lancés dans les yeux amènent une inflammation qui, n'étant pas soignée, devient chronique et entraine avec elle, au bout de quelque temps, la cécité complète.

Le guide nous fit escalader un rocher pour pénétrer dans une caverne que nous croyions déserte. A notre profond étonnement, elle était remplie d'ouvriers travaillant à l'exploitation d'une carrière, d'où on extrait, depuis un temps immémorial, une pierre poreuse qu'on taille en rond et qu'on transforme ainsi en meule à broyer le grain. Cet endroit s'appelle: la grotte d'Hercule. Dans le fond s'élève une énorme voûte sous laquelle la mer vient s'engouffrer avec fracas. Ces ouvriers à demi nus, grands, forts et très beaux, nous produisirent une impression fantastique.

Il me semblait être descendue dans les forges de Vulcain, en pleine mythologie ; je ne savais plus si je voguais dans le domaine de la fable ou de la réalité, si ces êtres étaient des hommes ou des cyclo-

pes. Après quelques instants de repos, nous quittons
ces galeries souterraines, où Dante aurait pu placer
l'entrée de son enfer ; nous revenons par les terres ;
le trajet fut long : cinq heures de marche. La campagne était fertile et cultivée, çà et là quelques
petites sources répandaient une bienfaisante frai-
cheur.

L'eau, l'un des principaux facteurs de toute
végétation, est malheureusement rare dans cette
contrée ; le sol deviendrait très fécond avec un sys-
tème suffisant d'irrigation. Mais le gouvernement,
redoutant l'influence de l'étranger, est hostile à toute
tentative de ce genre ; non seulement il ne veut
rien faire, mais il ne veut rien laisser faire.

Les Arabes sont nonchalants ; dans la campagne,
parmi ces champs cultivés, nous ne vîmes travailler que des femmes. Elles coupaient la graine d'une
sorte de maïs avec lequel se fait le pain ; les
hommes, assis ou couchés, se contentaient de les
regarder. Tout à coup, mon guide, Radir, reconnais-
sant une femme âgée, s'élança vers elle et, s'inclinant profondément, lui baisa la main avec affec-
tion et respect. Je ne pus m'empêcher d'admirer
cette scène touchante dans sa simplicité ; il me
dit en me rejoignant que cette bonne vieille l'ayant

soigné dans sa jeunesse, il avait toujours conservé
pour elle le plus grand attachement. C'était un
homme intelligent, désireux d'apprendre ; tout en
marchant, il m'indiquait, en arabe, le nom de
chaque objet dont je lui donnais, à mon tour, l'ap-
pellation en français. Il s'était attaché dès le
premier jour à Fernand qu'il rappelait avec la plus
grande douceur, lorsque notre jeune cavalier, galo-
pant en avant sur sa mule, s'écartait de la ligne à
suivre.

Il était nuit noire, quand nous rentrâmes très
fatigués, mais tellement enchantés de notre excursion que le lendemain nous en recommencions une
autre du côté opposé.

Après avoir longé la plage, il nous fallut franchir avec nos montures et non sans danger une
rivière aux eaux profondes et tumultueuses. En
continuant à marcher nous arrivâmes sur l'emplacement de l'antique Tanga Abyla, indiqué seulement par les vestiges d'une digue romaine. Dans
ce lieu, presque désert, une élégante villa s'élève,
appartenant à un explorateur anglais, épris de la
mer et venu se reposer au bruit du flot murmu-
rant. Tout près de cette propriété aboutissent les
câbles sous-marins anglais et espagnol, reliant

l'Europe à l'Afrique. Les courants à la jonction des deux mers sont très forts, ceux de l'Océan, plus légers, restent à la surface ; ceux de la Méditerranée, plus lourds, en raison de la quantité de sel qu'ils contiennent, se trouvent à une profondeur de huit mètres.

Nous arrivons au pied de rochers sauvages qu'il nous faut gravir et nos mules se fraient difficilement un chemin parmi les bruyères et les palmiers nains. Après plus d'une heure d'ascension, nous atteignons le cap Malabata, du mot arabe : melar qui signifie lumière. Ces côtes offraient jadis un repaire aux pirates ; à l'extrémité de la pointe s'élève encore une tour qui servait de phare pour attirer les navires.

Cette partie de la falaise domine le passage le plus resserré du détroit et le coup d'œil qu'elle offre est vraiment imposant.

En face, à la pointe occidentale de l'Europe, émerge toute blanche la petite cité de Tarifa, seule ville espagnole où les femmes, les jours de fête, ont encore conservé la coutume orientale de se voiler la face. Un peu plus loin s'étend la baie d'Algésiras, dominée par le rocher de Gibraltar qui, véritable sentinelle, s'avance orgueilleusement au milieu de l'onde. La ville de Gibraltar, bâtie en amphithéâtre, s'élève jusqu'à mi-côte; elle est dominée par des roches grisâtres, servant de retraite à de nombreux singes qui vivent tranquillement sous la protection de lois sévères, édictées par les Anglais. La légende veut même que ces animaux communiquent d'une rive à l'autre par un passage sous-marin, voie originale pour traverser les colonnes d'Hercule.

Ce spectacle du détroit est spendide. D'un côté l'Europe, de l'autre l'Afrique. L'imagination aidant, je voyais surgir la puissante stature d'Hercule. Je voyais ce héros cueillir les pommes d'or du jardin des Hespérides, malgré la vigilance des dragons préposés à leur garde; je le voyais détourner les fleuves, séparer les continents, joindre les mers et j'admirais cette force de la nature, divinisée par les anciens.

Le soleil avait disparu, quelques étoiles commençaient à briller, il nous fallait revenir à Tanger.

Nous repassons à la file indienne le fleuve que les sables mouvants rendaient plus dangereux à ce moment du reflux. Nous suivons la mer qui grondait dans l'ombre et dont les vagues arrivaient jusqu'à nous. Dans le fond, nous apercevions les lumières de Tanger ; par ci, par là de petites étoiles flottantes indiquaient les navires ; cet ensemble m'impressionna vivement, il me semblait rêver ! Un faux pas de la mule qui me portait me rappela à la réalité, je me hâtai de rejoindre la caravane qui déjà m'avait distancée. Nous fûmes tous heureux de nous retrouver à la ville, dans notre hôtel confortable, au milieu d'un entourage civilisé, où une table bien servie nous attendait.

Après huit jours passés sous ce ciel pur et clément, il fallut songer au départ ; nous traversâmes une fois encore le marché du Zocco, si curieux et si animé ; nous descendîmes le petit escalier de la jetée, pour monter dans un canot qui nous amena au bateau.

Quand nous abordâmes le Pelayo, les hommes de l'équipage procédaient à l'embarquement d'un troupeau de bœufs. Ces animaux, pris deux à deux par un nœud coulant entourant les cornes et les suspendant ainsi dans l'espace, formaient un spectacle original.

Le navire se mit en marche, la mer agitée soulevait des vagues énormes, aussi le roulis se fit-il fortement sentir. Nous jetâmes un dernier coup d'œil sur la baie marocaine, la côte d'Afrique s'effaça dans la brume et bientôt Tanger ne fut plus qu'un souvenir.

Des côtes, toujours des côtes sur lesquelles apparaissent de pittoresques habitations de pêcheurs. Le Pelayo filait beaucoup plus vite que le Rabat qui nous avait amenés ; la traversée est cependant difficile ; le plus souvent la mer est mauvaise dans ces parages.

Le Joachino Pelayo de Barcelone, très bien construit, est un des bateaux qui se comportent le mieux en mer. Il venait d'escorter la régente et le jeune roi dans leur promenade sur les côtes d'Espagne.

Après un trajet de cinq heures, nous entrons, par une pluie battante, dans le port de Cadix ; tout était gris, le ciel et la mer ; seules les maisons de la ville ressortaient toutes blanches sur le fond brumeux.

Je n'oublierai jamais la douce émotion que me fit éprouver à ce moment la vue d'un cuirassé surmonté du drapeau français !... Mon cœur battit, le sang me monta au visage et une larme mouilla ma paupière ! Je voyais les couleurs de la France, il me semblait que ce navire m'appartenait un peu, je me sentais moins isolée à l'étranger. Je compris alors l'entraînement et l'enthousiasme que doit inspirer dans une bataille cet emblème de la patrie!...

Nous ne nous sommes arrêtés que peu de temps à Cadix ; dès le lendemain nous reprenions la route de Séville où nous nous reposâmes pendant une journée, heureux de revoir cette jolie cité. La foire de la San-Miguel était toute proche, déjà l'on en commençait les préparatifs ; elle devait durer trois jours et comprendre trois corridas. Peut-il, en Espagne, se passer une fête sans ces horribles courses?

Nous avons trouvé des Anglais partout.... des Anglais....toujours des Anglais. Leur ciel si brumeux les force à venir se réchauffer au soleil de l'étranger. Egoïstes et ambitieux, ils seraient heureux d'accaparer l'univers Le caractère industrieux, l'esprit mercantile de cette race expliquent son activité incessante Au cap Spartel le phare n'étant pas leur propriété, ils ont construit un sémaphore à côté.

Les chemins de fer espagnols (ferro carrilles) laissent à désirer comme confortable et comme vitesse. Une seule voie existe, aussi faut-il attendre souvent et longtemps, dans chaque gare, l'arrivée du train inverse.

Ici, tout le monde passe sur les rails et descend à contre-voie; les Espagnols s'installent de chaque côté des wagons sur les marchepieds, en attendant l'arrivée du train qu'on doit croiser; un coup de cloche les avertit quand il faut remonter, le départ n'a lieu qu'au troisième signal.

Un petit chemin longe la ligne pour la desservir, aucune barrière n'existe pour empêcher les curieux de pénétrer sur la voie. Seulement le contrôle est très sévère et très fréquent; pendant la marche des trains, la porte s'ouvre, c'est un contrôleur qui demande les billets; il y en a trois par convoi, pendant un trajet très court le billet se trouve ainsi poinçonné quantité de fois; c'est souvent aussi un voyageur qui ne se trouvant pas bien change de wagon ou va retrouver un ami; la vitesse est si minime que ces déplacements se font sans danger et sont tolérés par les employés; les trains ne font en moyenne que treize ou quinze kilomètres à l'heure; l'express ne va guère plus vite; il n'y en a qu'un par jour dans un sens, le lendemain dans l'autre, il ne marche pas le dimanche.

Nous repassons à Cordoue, nous traversons à

nouveau les plaines de la Manche, où se dessine encore l'ombre gigantesque de Don Quichotte. Nous nous arrêtons à Alcazar (fabrique de chocolat) le temps de prendre une tasse de ce breuvage ; Dieu ! qu'il est mauvais ! il est salé et sent la cannelle.

Nous passons tout près de Tolède, sur le Tage, ville ancienne, ayant conservé le caractère de la vieille cité espagnole, puis nous traversons Aranjuez, le Versailles de Madrid.

Depuis Alcazar, absence complète de végétation : des collines ondulées et jaunâtres s'étendent à perte de vue, sans le moindre arbuste, ni le plus petit brin d'herbe ; aussi Aranjuez, couvert de bois et de verdure, se détache-t-il comme une véritable oasis au milieu de ce désert. On aperçoit au loin les ormes superbes apportés d'Angleterre par ordre de Philippe II. Aranjuez fut, sous le nom d'Isla, la résidence d'été favorite d'Isabelle la Catholique. Charles-Quint y créa un rendez-vous de chasse que ses successeurs firent agrandir et transformer en château. La situation de cette demeure royale est admirablement choisie, au milieu d'un rapide du Tage et à sa jonction avec la Jarama ; l'abondance de l'eau explique cette fertilité au milieu d'une contrée aride et désolée.

Plusieurs incendies successifs détruisirent ce palais; d'abord reconstruit par Philippe V, dans le style Louis XIV, il fut ensuite restauré par Ferdinand VI; deux grandes ailes y furent ajoutées par Charles III.

A quelque distance d'Aranjuez, l'aspect de la campagne change; la végétation luxuriante disparaît. Il semble qu'on entre dans un nouveau désert, se prolongeant jusqu'à Madrid.

ADRID, capitale de l'Espagne, construite
par Philippe II, ne se composait d'abord
que de constructions petites et resser-
rées. Le roi ayant décrété que la cour et les fonc-
tionnaires logeraient chez les habitants, les Madrilènes ne bâtirent que des maisons basses et étroites
qu'ils appelèrent : Casa à Malice et le tour fut joué.
Mais aujourd'hui tout est bien changé, les magasins
élégants, les promenades ombragées, les rues larges
et animées forment un bel ensemble qui donne à
Madrid l'aspect d'une grande ville. Du reste cette
capitale présente dans ses quartiers neufs assez
de ressemblance avec Rome, à part bien entendu
les ruines et les souvenirs historiques qu'on ne

trouve que dans l'antique cité, jadis reine du monde.

Aussitôt arrivée, je commençai à visiter la ville, pendant que ces messieurs étaient retournés à une corrida. Je suivis d'abord la Calle Arenal, voie large et spacieuse qui aboutit à la place dite de Madrid. Là j'étais tout près du beau parc de l'Indépendance ; il faisait bon, l'ombre des grands arbres me tentant, je m'assis et regardai défiler les voitures très nombreuses qui se rendaient aux courses ; les arènes étaient tout près et la ville entière se pressait à cette fête !

Je vis passer les piçadors ; ils étaient montés sur les pauvres chevaux destinés à succomber dans l'arène, et mon cœur se serra à la vue de ces animaux marchant ainsi à une mort certaine. Puis venaient les toréadors en voiture à six mules, revêtus de costumes somptueux et brillants ; ces équipages en pleine lumière formaient un spectacle des plus séduisants sous ce beau soleil d'Espagne. Ah ! qu'il était plus agréable de les voir défiler ainsi pimpants et joyeux, plutôt que d'assister à leur entrée dans l'enceinte redoutable du cirque !

Les Madrilènes aux vêtements clairs : les hommes à la mine réjouie, les femmes à la physionomie piquante, suivaient le mouvement, et tous couraient de gaieté de cœur se repaitre d'un spectacle de souffrance et de mort !

Je revins en ville, c'était un dimanche, partout se pressait une foule bruyante. Je passai devant la Banque d'Espagne, monument immense ; les mauvaises langues prétendent que cette apparence somptueuse recouvre bien plus de surface que de *fonds!* En face s'élève le Ministère de la Guerre : palais occupé par Espartero (1841-1843) et par le général Prim de 1869 à 1870 ; un peu plus loin se trouve le Ministère des Finances, puis en continuant ma route, j'arrivai à la Puerta del Sol, centre du commerce élégant.

A la partie orientale de cette place, la plus grande et la plus animée de Madrid se trouvait autrefois une porte, d'où l'on pouvait voir le lever du soleil, de là vient son nom. Parmi les hauts et vastes bâtiments qui l'entourent, on remarque le Ministère de l'Intérieur.

En obliquant à gauche, je trouvai la place de la Constitution, au milieu de laquelle se dresse la statue équestre de Philippe III que les fédérés en 1873 descendirent de son piédestal pour la mettre en vente... mais vainement ; elle fut rétablie en 1874.

Cet endroit joue un grand rôle dans l'Histoire espagnole, c'est là qu'eurent lieu des auto-da-fé et des béatifications, des courses de taureaux et des tournois; fêtes d'allégresse et fêtes d'horreur. Les balcons des maisons, bordées d'arcades au rez-de-chaussée, servaient de loges aux spectateurs et pouvaient en contenir une cinquantaine de mille.

Plus loin je passai devant le Consulat d'Italie, ancien palais de la princesse d'Eboli ! Que de souvenirs ce nom évoque ! Intrigante et rusée, cette femme voulut jouer un rôle important à la Cour, mais son ambition démesurée la perdit. Philippe II, convaincu de la trahison de sa belle favorite, la fit enfermer au château de Pinto dans la campagne désolée de Madrid ; jamais elle n'en revint !

En face le Conseil d'Etat se trouve la Capitainerie générale ; un peu plus loin s'élève un viaduc qui continue la Calle de Baylen, et aboutit à l'église de San-Francisco el Grande, ancienne chapelle du couvent de ce nom, qui sert aujourd'hui de caserne d'infanterie et de prison. Cette église transformée en Panthéon est très remarquable. La nef et les six chapelles qui l'entourent, avec leurs fresques et leurs coupoles, offrent un aspect imposant. La sacristie, la salle des Capitulaires sont d'une grande richesse avec leurs nombreux tableaux de Ribera et leurs panneaux en chêne sculpté des xive et xve siècles. L'histoire de saint Isidore, patron de Madrid, y est reproduite tout entière sur de jolies fresques ; d'autres peintures murales, copiées à Rome et représentant les sujets pieux des Loges de Raphaël, ornent également ces murailles.

En suivant le viaduc, on aperçoit les soubassements d'une cathédrale en construction (Notre-Dame de Alameda), puis on arrive à la place d'Armes sur laquelle s'élève le palais Royal.

Ce palais construit vers 1837, sur l'emplacement d'un château détruit par un incendie, est d'une belle architecture, quoiqu'un peu lourde ; il semble placé sur un piédestal magnifique formé des terrasses et des contreforts qui lui servent de point d'appui. Du bas des jardins en pente, arrosés par le Mançanarès, ses masses blanches se détachent sur le ciel de la façon la plus majestueuse.

Au sud de la place du Palais-Royal, se trouve l'Armeria, musée militaire des plus curieux, renfermant les nombreuses armures des rois et infants d'Espagne : Armures de gala, de tournoi, de guerre ; celles des fantassins, celles des cavaliers ; en acier,

en argent, en or, ciselé, gravé, damasquiné, véritables chefs-d'œuvre.

La litière en cuir de Charles-Quint avec vasistas
de chaque côté n'a rien d'élégant; sa vaisselle de
campagne est également peu luxueuse.

Je remarquai les armes des Turcs vaincus en
1571, à la bataille de Lépante; le brassard d'Ali-
Pacha, les épées de Boabdil, de Gonzalve de Cordoue, du Cid, de Fernand Cortez, du comte d'Olivarès, l'armure de Christophe Colomb.

Mais ce qui me toucha le plus en ma qualité de
Française, ce fut la vue de la tente et des armes de
François Ier, rapportées de Pavie quand ce roi y
fut fait prisonnier.

Les écuries royales sont fort intéressantes, surtout à cause des vieux carrosses qui y sont conservés. Parmi ceux-ci se trouve celui dans lequel
Jeanne la Folle voyagea en compagnie du cadavre
de son mari, qu'elle ne pouvait se résigner à quitter.

En visitant le Palais Royal, je revivais la vie de
ces princes absolus d'autrefois; je songeais à l'In-
quisition, je voyais passer les infortunés destinés
à l'auto-da-fé; puis les gracieuses infantes, inno-
centes victimes de la politique, souvent forcées de
s'expatrier. Je plaignais ces petites reines, isolées

dans une cour étrangère, auxquelles il n'était pas même permis de conserver autour d'elles des suivantes de leur pays!

La façade Est du Palais aboutit à la place de l'Oriente, très vaste, entourée de statues en pierre mutilées, abîmées par le temps et représentant les rois de Castille et d'Aragon.

Cette place fut créée par Joseph Bonaparte qui fit démolir un couvent, une église et des maisons nombreuses pour obtenir un espace aussi étendu.

Le musée du Prado est un des plus riches du monde ; les écoles flamande, italienne, espagnole y sont pleinement représentées.

Les salles du sous-sol contiennent des Primitifs de grande valeur ; au-dessus on accède à une galerie immense où l'œil ébloui ne sait sur quoi s'arrêter. Ce ne sont que chefs-d'œuvre des plus grands maitres : Vélasquez, Murillo, Albert Dürer, Holbein, Ribera, le More, le Tintoret, le Titien, Raphaël.

Parmi les toiles qui m'ont le plus impressionnée se trouvent des portraits d'Antoine le More (école flamande) ; avec moins de coloris que ceux de Vélasquez, ils sont pourtant plus vivants. En admirant Isabelle de Portugal, il me semblait voir cette princesse quitter son cadre, il me semblait l'entendre parler.

Dans le portrait d'un Prince de l'Eglise, pur chef-d'œuvre, Raphaël a su combiner le rouge d'une façon tout à fait harmonieuse. Rien n'est heurté, tout se fond ; la physionomie d'une teinte plus atténuée domine cependant par son expression, elle ne se trouve point écrasée par la pourpre qui l'entoure. Cette tête a une intensité de sentiment telle qu'elle semble vivre.

La Vierge au Poisson et la Visitation de Raphaël sont superbes.

Les Rubens sont plus apprêtés ; leur coloris dépasse tout ce que l'on peut rêver, c'est l'apothéose de la couleur ; l'artiste se manifeste là dans tout l'épanouissement de son génie. Il a copié une toile du Titien (Adam et Eve dans le paradis terrestre) ; ces deux tableaux placés l'un à côté de l'autre permettent d'en faire la comparaison. C'est la même pose, ce sont les mêmes personnages, mais quelle différence ! et de note et de ton. La copie vaut mille fois l'original.

Le Titien et le Tintoret m'ont paru guindés et froids.

Par contre, les Vélasquez réunis dans une salle spéciale sont merveilleux ; on y trouve moins de vérité que dans le More, moins de coloris que dans

Rubens; en revanche on y remarque une touche spéciale qui fond le tableau, l'adoucit, le rend moelleux, chatoyant; un sentiment s'en dégage qui vous charme, vous attire, vous émeut. Et cependant quel triste modèle possédait l'artiste en ce roi dégénéré! Admirable puissance du génie qui revêt de magie les êtres les plus disgraciés, en leur prêtant par les lignes et les tons savants combinés avec le décor, l'harmonie dont la nature les a privés.

Les portraits des Infantes, du Duc d'Olivarès sont d'une beauté incomparable; dans tous on retrouve le même fond, les mêmes montagnes bleues et ondulées de l'Escurial.

Vélasquez, protégé par le Duc d'Olivarès, devint le peintre attitré de la Cour d'Espagne. Il peignit les fous et les bouffons du roi, puis Ésope et Ménippe, tableaux allégoriques et spirituels dans lesquels il voulut personnifier le caractère de la bohême espagnole.

Dans une petite pièce à côté de la salle Vélasquez: les Méninas, tableau où l'on remarque au premier plan : l'Infante Marguerite, en robe flottante, accompagnée de son maître de danse et des bouffons de la Cour; au second plan l'artiste se dispose à peindre le portrait de la princesse; au fond le

Roi et la Reine entrent dans l'atelier. Ce tableau est d'un ensemble harmonieux.

En revenant dans la grande galerie, j'admirai une tête d'Albert Dürer, quelle expression! Ses yeux perçants et scrutateurs me poursuivaient.

Le portrait d'Anne d'Autriche jeune fille, par Porbus, celui de Marie de Médicis, par Rubens, sont fort beaux.

Les Goya sont tous réunis dans une aile latérale du musée; ils se composent surtout de panneaux décoratifs pour tapisserie.

Les portraits de Ferdinand VI et de sa femme ainsi que ceux de Charles III et de la Reine sont inférieurs aux autres œuvres de l'artiste, on n'y retrouve pas son génie. Charles III surtout est grotesque avec la couronne et le manteau royal.

Le musée possède en outre une quantité d'esquisses de Goya, sombres et heurtées; on y reconnait le genre Manet, Carrière, Henner; artistes qui, certainement, se sont inspirés de la manière du Maître espagnol.

APRÈS plusieurs jours passés à Madrid, nous quittons cette ville ; jusqu'à l'Escurial, les environs de la capitale ont l'aspect triste qui nous avait frappés à l'arrivée. En approchant du célèbre Monastère, on aperçoit à l'horizon des rochers bizarres et gris qui prennent une teinte bleue de plus en plus accentuée, à mesure qu'on les voit de plus près, et ce ton azuré existe en tout temps, quelles que soient la saison et la température. Ces montagnes ont toujours dû présenter cette particularité et je me demande quelle peut en être la cause. Est-ce la transparence de l'air qui donne à la pierre cette coloration bleue?

Après une heure et demie de trajet, nous descendons à l'Escurial ; *el Escorial* vient du mot scorie, nom donné à ce village, en souvenir d'une forge qui, s'élevant à cet endroit, y avait produit une quantité de scories. Arrivés à la gare, il nous faut gravir une côte, au sommet de laquelle sont situés le village et le château.

L'Escurial, mi-palais, mi-couvent, offre un aspect sévère et grandiose: Il fut fondé par Philippe II en souvenir de la victoire que les Espagnols rempor‑ tèrent sur les Français à Saint-Quentin, le jour de la Saint-Laurent en 1559. Aussi le Roi, en plaçant cet édifice sous le patronage de ce saint, voulut-il lui donner la forme d'un gril, instrument de sup‑ plice du martyr. Il fit élever également au‑dessus de l'entrée principale la statue du bienheureux diacre, haute de quatre mètres et dont la tête et les mains sont en marbre blanc. Ce monastère est tel‑ lement vaste qu'il contient à la fois : un couvent, un pensionnat, une église, une résidence royale.

Le couvent est encore habité aujourd'hui par des religieux, les Augustins, qui dirigent un pensionnat de jeunes gens.

L'église devenue paroissiale est d'un effet impo‑ sant, de proportions gigantesques, elle est cons‑ truite tout en pierre et dallée en marbre.

Le Maître-Autel (Capilla-Mayor) aux soubassements de bronze et aux colonnes de porphyre, contient les statues de Philippe II et de Charles-Quint entourés de leur famille.

Dans une chapelle latérale à droite du sanctuaire, on remarque le tombeau de la reine Mercédès, première femme d'Alphonse XII. Le roi avait la pieuse habitude de venir prier fréquemment dans cette chapelle éclairée jour et nuit.

Au-dessus de la porte principale se trouve le chœur haut ou sacristie. On y voit encore, sous un lustre en cristal de roche, le lutrin colossal qui portait les livres liturgiques. Ces volumes, hauts de plus d'un mètre, sont enrichis d'enluminures fines et délicates, œuvre des moines du couvent.

Dans cette sacristie entourée de stalles en bois sculpté, les religieux venaient chaque jour célébrer leur office, auquel Philippe II assistait incognito.

Le Roi prenait place dans un fauteuil près d'une porte secrète communiquant au château ; il pouvait ainsi sortir sans bruit et surtout sans avoir été vu. C'est là qu'un dimanche de novembre, Philippe apprit par un envoyé de Don Juan la victoire de Lépante. Il resta d'abord impassible, mais aussitôt les vêpres terminées, il fit entonner le Te Deum.

A côté de la sacristie, se dresse un autel surmonté d'un christ en marbre blanc et noir, chef-d'œuvre de Benvenuto Cellini, offert au roi d'Espagne par le Grand Duc de Toscane.

Dans ce palais grandiose, l'endroit où l'on comprend le néant des grandeurs humaines, est l'appartement de Philippe II. Une longue pièce froide et nue sur laquelle donnent deux cellules non éclairées, constitue toute l'habitation du puissant monarque. C'est dans cette salle sombre et sévère que les grands du royaume et les ambassadeurs venaient consulter le maitre et discuter les affaires importantes.

Une des cellules, meublée d'un étroit lit de fer, formait la chambre à coucher, l'autre, contenant encore le bureau et le fauteuil du roi, constituait le cabinet de travail. Au bout de chacune d'elles s'ouvre une petite porte donnant sur un passage étroit d'où l'on aperçoit la Capilla Mayor. C'est là que, pendant sa maladie longue et douloureuse, Philippe passait des journées entières, consumé dans la prière et la contemplation.

Sous l'église, le Panthéon des rois d'Espagne occupe un espace considérable.

On accède à la crypte par un escalier en marbre

de différentes couleurs et aux marches très glis-
santes. On pénètre alors dans une chapelle octogone,
au retable en bronze doré, surmonté d'un christ
magnifique. Tout autour sont groupés des sarcophages en marbre noir, supportés par des griffes de
lion, rehaussés de moulure en bronze doré, avec
cartouche portant le nom du mort.

A droite de l'autel les rois, à gauche les reines
dont les fils ont régné. Alphonse XII est inhumé là,
entre deux cases vides ; au-dessus celle de sa mère,
au-dessous celle de son fils.

En remontant l'escalier, à mi-chemin, on remarque une petite porte : celle du putridera, c'est-
à-dire l'endroit où, pendant plusieurs années, le
corps du roi ou d'un prince du sang attend, avant
d'être déposé dans un sarcophage. En ce moment
ce caveau renferme la dépouille mortelle du duc de
Montpensier.

Par un escalier latéral, on arrive dans de longues
galeries, où sont alignés les tombeaux en marbre
blanc des infants, des infantes et des reines dont
les enfants n'ont pas régné.

J'ai surtout remarqué les tombeaux des deux
sœurs de Charles-Quint : Isabelle et Eléonore,
femme de François Ier, ainsi que celui du fameux

Don Juan d'Autriche, immortalisé par la légende. Quand ce guerrier, fils naturel de Charles-Quint, mourut dans les Flandres, il y fut inhumé, mais plus tard sa dépouille mortelle fut rapportée à l'Escurial, où elle se trouve encore aujourd'hui, seule dans une chapelle latérale.

Une galerie parallèle renferme également de nombreux sarcophages en marbre blanc et noir, dont la plupart ne sont pas occupés. Là repose la princesse Pilar, une des sœurs d'Alphonse XII; tout à côté se trouve la sépulture des Montpensier. Près de la sortie, sont groupés de petits tombeaux desti‑ nés aux jeunes infants; les uns portent la lettre A, Autriche, les autres la lettre B, Bourbon.

Le Palais-Royal, construit par les successeurs de Philippe II, est inoccupé depuis Charles IV; ce fut surtout ce Roi qui l'habita et le fit embellir. Il dépensa des sommes considérables pour l'ornemen- tation intérieure de cette résidence si admirablement située. La plaine de la Nouvelle-Castille, bornée par la Sierra de Guadarrama, s'étend au pied du château, et les rochers bleus, les bois verts se fon- dant dans le ciel azuré forment un paysage mélan- colique et grandiose.

La bibliothèque très riche contient des livres de

grande valeur, beaucoup d'entre eux, très anciens, sont remarquables par leur édition et leur enluminure.

Les volumes y sont placés d'une manière toute spéciale. Le titre de l'ouvrage étant gravé sur la tranche, cette dernière se trouve posée extérieurement.

Ce palais contient aussi de belles tapisseries modernes; la plupart, copiées d'après Goya, ont été fabriquées à Madrid.

Pour retourner à la gare, nous sommes descendus par des jardins parfaitement dessinés, à la Casita del Principe, pavillon construit à mi-côte par Villanueva, pour le Prince Charles.

Ce sont deux étages de petites pièces très luxueuses, aux tentures de soie peinte et brodée, renfermant des tableaux, des sculptures sur ivoire et des porcelaines de grand prix.

La Reine Mercédès affectionnait particulièrement ce charmant Trianon qu'elle habita presque constamment.

Parfois l'Infante Eulalie y passe quelques jours, quant à la famille Royale, elle n'y est jamais venue.

Après avoir quitté cette élégante villa, nous fimes une longue promenade en pleine campagne, et montés sur un rocher nous jouîmes d'un coup d'œil imposant. D'un côté, le Palais avec ses clochetons et ses tours s'élève majestueux : véritable géant dominant le pays et lui imprimant un aspect noble et sévère. De l'autre la plaine fertile, s'étendant jusqu'aux montagnes ondulées de la Sierra, offre au contraire un caractère riant et pittoresque.

Par çi par là des moutons et des chèvres grimpent, broutent et cabriolent.

Tout à coup un murmure lointain se fait entendre ; confus d'abord, le bruit devient de plus en plus distinct et ressemble à une mélopée : c'était une troupe de jeunes taureaux qui s'avançaient au grand trot, portant au cou chacun une clochette, et conduits par quatre hommes à cheval ; un en avant, un de chaque côté et un en arrière. Parfois un animal s'échappait, aussitôt un cavalier le rejoignait au galop, et d'un coup de fouet le ramenait au troupeau. Tableau gracieux que celui de ces fiers animaux en liberté, personnifiant la force et la vie !

Nous gravîmes ensuite la montagne au flanc de laquelle l'Escurial est adossé ; là le spectacle est plus imposant encore ; parmi ces roches grises, l'immense édifice de même ton s'harmonise avec la nature, il semble surgir de terre et n'être ainsi qu'un rocher plus gigantesque au milieu des autres. Un peu à droite on découvre la Silla del Rey, c'est-à-dire la Chaise du Roi. Banc taillé dans le roc d'où Philippe surveillait les travaux de construction, dont il avait lui-même donné le plan.

Non loin du Palais se trouve le château royal de la Granja, tout près de Ségovie.

Nous primes le soir un train vers sept heures, un des rares express; nous nous embarquions pour un long trajet, car nous ne devions arriver que le lendemain matin vers dix heures à Saint-Sébastien.

Nous passâmes à Avila, patrie de sainte Thérèse, à Valladolid, ville préférée des rois de Castille et qu'habitèrent à une époque lointaine les rois d'Espagne. C'est dans cette ville que fut célébré le mariage de Ferdinand et d'Isabelle, c'est là que mourut Christophe Colomb.

De loin nous aperçûmes Burgos dont la cathédrale est l'un des plus beaux monuments gothiques de l'Espagne. On y admire les tombeaux de Jean de Castille et d'Isabelle de Portugal, père et mère d'Isabelle la Catholique, ainsi que celui du jeune frère de cette reine, l'Infant Alonso.

Burgos est également la patrie du Cid, on y voit encore sa maison surmontée de ses armes. Il y épousa Chimène, et les restes mortels des deux héros de Corneille reposent à l'hôtel de ville de cette antique cité.

Jusqu'alors la campagne avait été aride et sauvage, mais peu à peu l'aspect change et devient magnifique. Ce sont les Pyrénées aux pics neigeux et inaccessibles, dominant des vallées riches et fertiles. Comme elles sont majestueuses ces montagnes! les unes incultes, les autres couvertes de végétation! Combien l'être humain semble petit en face de ces masses énormes!

Après de longs tunnels et d'innombrables viaducs, nous arrivons à Saint-Sébastien (San-Sebastian).

Ville charmante, presque française; elle semble sommeiller au bord du flot bleu, à l'abri de hautes montagnes qui de tous côtés l'entourent et la protègent contre la bise et le froid.

La baie de Saint-Sébastien est limitée d'un côté par le Castillet ou forteresse, de l'autre par un véritable cap dont l'extrémité rejoint presque la jolie petite île de Santa-Clara, qui émerge coquette et pimpante au milieu du golfe minuscule.

Nous fîmes une promenade superbe dans les environs. Du haut de la montagne qui domine la ville et la mer, la vue très étendue est de toute beauté ; on se trouve bien à cet endroit et comme le prophète Elie on voudrait y établir sa tente.

On comprend que la Reine ait choisi cette résidence, pour y passer la belle saison. Chaque année, elle vient avec ses enfants habiter, pendant quelques mois, la villa Miramar, modeste chalet, ne possédant rien de royal, ni même d'artistique, mais admirablement situé au pied de la montagne et au bord de la mer.

La présence de la famille royale produit une grande animation, car elle entraîne avec elle une partie de la Cour. La plage, les rues sont continuellement sillonnées d'équipages, d'officiers et de dames élégantes. Mais que tous ces Espagnols semblent superstitieux, combien ils doivent être dévots et quelle dévotion mesquine doit être la leur. Comme je m'amusais à suivre des yeux les baigneurs, je vis une dame entrer lentement dans la mer, quand elle sentit l'eau lui monter aux genoux, elle plongea la main dans l'onde salée et fit le signe de la croix, avant de s'enfoncer davantage ; une seconde dame survint, puis une troisième qui firent de même.

Je riais de cette façon originale de prendre un bain, lorsque j'entendis un léger galop accompagné du roulement d'un landau ; je me retournai et vis, dans un éclair, passer, au trot rapide de quatre mules élégantes, la reine en costume gris, accompagnée du jeune roi et des deux infantes vêtues de façon semblable ; chaque après-midi la famille royale va se promener dans les environs.

La Régente, femme froide et autoritaire, mais intelligente, est peu aimée de ses sujets ; ils la considèrent comme une étrangère et l'appellent dédaigneusement : l'Autrichienne.

L'Espagnol, comme l'Italien, est très sobre ; le vin étant capiteux, il en boit fort peu. Dans tout notre voyage, nous ne rencontrâmes qu'un seul individu en état d'ébriété et encore était-ce un Français !

En revanche, il fume en tout temps, même en mangeant ; à l'inverse de la France, la plaque du wagon n'indique pas le compartiment où l'on peut fumer, mais bien celui où l'on ne doit pas fumer et il y a juste une plaque par train.

Après deux journées passées dans cette jolie ville, nous reprîmes le train pour Hendaye et Bordeaux ; ce trajet est délicieux.

En quittant Saint-Sébastien, on découvre la baie de Pesajos, environnée d'une ceinture de rochers qui la transforment presque en lac. Sur un point seulement, un canal met en communication cette baie avec la mer. C'est dans ce petit port fort pittoresque, que Lafayette s'embarqua pour l'Amérique.

Le train suit le littoral formé de falaises, de temps à autre on jouit d'une échappée sur l'océan, puis on arrive à Irun, dernière station espagnole.

La voie ferrée étant plus large en Espagne qu'en France, il y a peu de temps encore, les voyageurs devaient descendre à cette station pour prendre les trains français, mais aujourd'hui la ligne espagnole continuant jusqu'à Hendaye, c'est dans cette ville seulement qu'il faut changer. Du reste ces deux gares sont très proches l'une de l'autre, seule la Bidassoa les sépare, et la frontière est indiquée au milieu du pont.

L'île des Faisans ou de la Conférence se trouve située à cet endroit ; là eut lieu l'échange des princesses française et espagnole ; Isabelle de France, fille de Henri IV, allait devenir la femme de Philippe IV, et Anne d'Autriche, fille de Philippe III, allait épouser Louis XIII. Plus tard ce fut encore dans cette même ile que, par le traité des Pyrénées, Louis de Haro et Mazarin conclurent le mariage de Louis XIV avec Marie-Thérèse d'Autriche, fille de Philippe IV.

La Bidassoa, sur le parcours de plusieurs kilomètres, sert de limite aux deux pays ; d'un côté Fontarabie, joli village basque, a conservé intact son caractère navarrais, tandis que de l'autre, Hendaye, ville insignifiante, est française.

J'étais heureuse de rentrer dans mon pays et c'est avec enthousiasme que je criai : Vive la France ! Je lisais avec plaisir les affiches des murs, les inscriptions des gares, j'entendais et je comprenais les paroles qui s'échangeaient autour de moi, j'en étais ravie. Ce ravissement dura plusieurs jours, jusqu'à Bordeaux, je dirai même jusqu'à Paris.

Quels pays pittoresques nous traversons : ici et là des rochers, puis la mer qui alternativement apparaît et disparaît. Nous passons à Saint-Jean-de-Luz, à Biarritz dont on aperçoit au loin les chalets élégants. A Bayonne nous quittons le littoral pour traverser une contrée riche et fertile jusqu'à Dax.

Dax, jolie petite ville, célèbre par ses bains de boue dont l'effet donne lieu à de nombreuses controverses ; les uns prétendent que ces bains rendent infirmes les malades qui ne le sont pas encore, les autres assurent au contraire qu'ils guérissent sûrement et rapidement.

De Dax à Bordeaux, ce ne sont que plaines immenses, pays inculte et désolé que l'ingéniosité des Landais a su utiliser par des plantations de pins. Le conifère, arbre robuste, demande peu de nourriture et donne un bon rapport à ce terrain stérile qui devient ainsi une richesse pour les habitants.

Malheureusement, il est un fléau contre lequel, dans ces espaces, il est difficile de lutter, je veux parler des violents incendies qui trop souvent éclatent dans ces plaines boisées. Une simple étincelle suffit à enflammer les herbes, le moindre coup de vent faisant incliner les branches voisines, le feu se propage avec une rapidité foudroyante sur une étendue énorme et le sol ne présente plus que ruine et dévastation.

A la gare de Lamothe se trouve la bifurcation pour le bassin d'Arcachon : baie délicieuse entourée de pins, abritée de tous côtés du vent et du froid, station des plus saines pour les malades et les convalescents.

Enfin Bordeaux.

Bordeaux, ville riche et prospère, est située au bord de la Garonne.

Dans sa population on remarque des armateurs et des commerçants en vins du Médoc dont les crus estimés se trouvent tout près : Saint-Émilion, Saint-Georges, Saint-Estèphe : les clos les plus renommés sont, parait-il, le Haut Briant et le Pape Clément.

Cette ville compte de nombreuses églises et des monuments d'un caractère archaïque.

L'église Sainte-Croix a conservé intact son portail renaissance ; Saint-Michel renferme des vitraux anciens de toute beauté, ainsi qu'un autel gothique sculpté, très curieux d'aspect.

Dans la crypte de cette basilique se trouvent des

cadavres momifiés, retrouvés dans le vieux cime-
tière qui l'entourait jadis. Ces corps, déposés par
hasard dans un filon calcaire, se sont desséchés.
La peau a l'apparence du cuir, la chair celle de
l'amadou ; dans quelques visages les yeux sont
restés dans l'orbite et la langue dans le palais ; une
partie des vêtements sont également fort bien conservés.

Je connaissais Bordeaux et fus satisfaite d'y
retourner. Une première fois, j'avais éprouvé dans
cette ville une impression que je recherchai vainement.

C'était à la gare de la Bastide, le fleuve grondait
à mes pieds, les clochers et les édifices se profilaient
sur le ciel parsemé d'étoiles, la lune brillait d'un
éclat doux et argenté, des marins espagnols,
accompagnés de mandolines et de castagnettes,
chantaient une sérénade. Cet ensemble poétique
et délicieux avait gravé dans mon souvenir une
empreinte ineffaçable. Je voulus retourner au même
endroit, hélas! les choses étaient bien telles que je
les avais vues, mais l'illusion avait disparu !

Cette sérénade avait fait naître en moi le désir de
visiter l'Espagne, et nulle part je ne retrouvai ce
charme qui m'avait si profondément séduite.

Je vis bien les balcons mais ils étaient vides, j'y cherchai vainement les sénoras en mantille, écoutant, dans la douceur de la nuit, les couplets harmonieux modulés par la voix fraîche d'un jeune caballero. Le cadre y était mais le tableau manquait !

Après trois jours passés à Bordeaux, nous reprîmes le chemin de Paris, heureux de retrouver notre home, d'autant plus apprécié, que nous en étions éloignés depuis plus longtemps.

Nous passâmes de nuit à Angoulême et à Poitiers; le jour commençait à poindre, quand nous atteignîmes Tours. Combien cette vallée de la Loire est pittoresque avec son large fleuve et ses châteaux historiques.

Aux abords de Paris, ce ne sont que villas coquettes, parcs touffus et jardins soignés. Je comparai les environs de notre capitale à ceux de Madrid; sous ce rapport comme sous bien d'autres, je trouvai la comparaison tout à l'avantage de notre pays; l'Espagne cependant possède en soi des éléments de grandeur et de richesse.

Le train s'arrêta, nous étions arrivés. J'étais enchantée de me retrouver dans la première ville du monde, fière de penser que dans tout l'univers il n'y a qu'un Paris. Je comprenais la fascination que ce nom seul exerce sur les étrangers et je revoyais les yeux de mon guide arabe, s'illuminer à ce mot magique : Paris.

En résumé voici mes meilleurs souvenirs d'Espagne : le musée de Madrid, le château de l'Escurial, les ruines de l'Alhambra, la cathédrale de Séville et la mosquée de Cordoue.

L'Espagne n'est pas comme l'Italie le pays des beaux-arts et sa terre n'est pas de celles qui engendrent des artistes nombreux. A part Vélasquez, Murillo, Ribera, Goya, Cervantés, Calderon et Lope de Vega, les étoiles qui brillèrent dans le ciel espagnol sont de minime grandeur.

Au midi, on sent encore l'empreinte des Maures, mais il est difficile de juger l'art arabe ; ce ne sont que dessins composés et variés, signes algébriques qui ne peuvent être qualifiés d'œuvres de génie. L'art arabe, nul au point de vue de la statuaire proscrite par le Coran, a produit, il est vrai, de véritables merveilles sous le rapport de l'architecture et de l'ornementation qui unissent le grandiose à la suprême élégance, mais peut-on donner à ces merveilles le nom de chefs-d'œuvre ?

L'Espagne se ressent encore de la prospérité dont elle jouit sous Charles-Quint et Philippe II ; à ce moment elle atteignit son apogée. Ces Rois lettrés, en fondant l'unité du royaume, attirèrent à leur cour des artistes étrangers et encouragèrent ceux de leur pays; ce fut l'époque la plus florissante de la nation. Leurs successeurs furent des rois malades, fantasques, n'aimant et n'encourageant aucun artiste; puis peu à peu les révolutions, les guerres civiles minèrent cette belle contrée et en firent ce qu'elle est devenue aujourd'hui : un pays usé qui, chaque jour, va en décroissant. De cette prospérité dont les Espagnols étaient si fiers, que reste-t-il ? Rien !

La superstition régnera probablement encore longtemps chez ce peuple qui a besoin d'une religion matérielle et pompeuse; ne pouvant atteindre à l'idéal qui, pour nous, représente l'Etre suprême. L'âme de l'Arabe dans sa naïveté serait plus en harmonie avec la grandeur de la Divinité. Tout chez lui est primitif, ses mœurs, en s'adaptant à son milieu, lui permettent de se passer d'une civilisation qui n'a rien à lui donner.

Aussi Tanger et le Maroc restent-ils un des points les plus brillants de notre voyage. C'est une vision tellement extraordinaire que parfois je me demande si cette excursion n'est pas un rêve et si j'ai réelle-

ment vu ces gens simples, vivre de cette vie bibli-
que des patriarches. Ils n'ont pas de besoins ; leur
maison est une hutte, leur lit une simple natte,
leurs chemins sont des ravins ; les sandales sont
un luxe, la plupart marchent pieds nus. Peut-être
sont-ils ainsi plus heureux que nous avec nos
aspirations.

Le bonheur est chose entièrement relative, il dé-
pend et des habitudes et de l'appréciation.

Sur ce thème, je laisserai la philosophie disserter
tout à son aise et j'exprimerai simplement aux personnes qui liront ces lignes la satisfaction que
j'éprouverai, si je parviens à les intéresser un
instant.

Je n'ai point parlé du côté matériel du voyage,
n'ayant pas eu à m'en occuper. Nous descendions
dans les hôtels les mieux recommandés ; en arrivant ces messieurs s'entendaient facilement avec
le maitre de l'établissement ; nous n'avons eu de
difficultés nulle part et nous avons été bien traités
partout, excepté à Cadix, quelle cuisine... et cependant nous étions installés dans le meilleur hôtel,
que doivent être les autres?

Quant au change, nous avons trouvé dans toutes
les villes, même à Tanger, des succursales du Crédit

Lyonnais où nous échangions notre monnaie suivant le cours.

Pour terminer mon récit et pour engager mes lecteurs à visiter ces contrées si curieuses, je ne puis mieux faire que de leur dire :

En route pour l'Espagne et le Maroc !

I. GEOFFROY.

Paris, 24 octobre 1901.

CORRECTIONS ET ADDITIONS

Page 24, ligne 15, *au lieu de*: C'est du haut de cette tour, *lire*: C'est du haut de ce minaret.

Page 53, ligne 24, *au lieu de*: plusieurs enfants, *lire*: plusieurs Infants.

Page 63, 2ᵉ alinéa. La case de Pilate est la propriété du duc de Medinacœli; elle fut construite par Don Fadrique de Rivera qui, à son retour d'un voyage en Terre Sainte, voulut reproduire la maison de Pilate.

IMPRIMÉ PAR
V. DARANTIERE
A DIJON